国家示范性职业学校
数字化资源共建共享课题成果教材

典型自动化生产线运行与维护

主　编　郭丽华　胡桂兰
参　编　徐红燕　马林刚

机械工业出版社
CHINA MACHINE PRESS

本书是国家示范性职业学校数字化资源共建共享课题成果教材之一，是根据国家示范性职业学校数字化资源共建共享计划中有关机电技术应用专业《中等职业学校典型自动化生产线运行与维护教学大纲》的基本要求，结合专业教学实际编写而成的。

本书内容主要包括走进典型自动化生产线、YL-335B型自动化生产线的运行与调试两个模块，下设七个项目，十四个任务。

本书选用了大量企业的生产图片，并配套有电子课件、视频、动画、实训项目及习题答案等数字化教学资源，内容浅显易懂并贴近生产生活实际，有利于激发学生的学习兴趣，可作为中等职业学校机电技术应用、机电设备安装与维修、电气运行与控制等专业的教学用书，亦可供自学者及有关技术人员参考。

本书配套电子课件及习题答案请登录 www.cmpedu.com 网站注册并免费下载或来电（010-88379195）索取；配套视频、动画、实训项目建议用手机浏览器或微信软件的“扫一扫”功能扫描书中相应的二维码进行观看。

图书在版编目（CIP）数据

典型自动化生产线运行与维护/郭丽华，胡桂兰主编.
—北京：机械工业出版社，2017.8（2024.7重印）
国家示范性职业学校数字化资源共建共享课题成果教材
ISBN 978-7-111-57514-6

Ⅰ.①典…　Ⅱ.①郭…　②胡…　Ⅲ.①自动生产线—运行—中等专业学校—教材　②自动生产线—维护—中等专业学校—教材　Ⅳ.①TP278

中国版本图书馆CIP数据核字（2017）第177907号

机械工业出版社（北京市百万庄大街22号　邮政编码100037）
策划编辑：赵红梅　责任编辑：赵红梅
责任校对：刘雅娜　封面设计：陈　沛
责任印制：张　博
北京建宏印刷有限公司印刷
2024年7月第1版第5次印刷
184mm×260mm · 9.25印张 · 228千字
标准书号：ISBN 978-7-111-57514-6
定价：34.00元

凡购本书，如有缺页、倒页、脱页，由本社发行部调换

电话服务
服务咨询热线：010-88379833
读者购书热线：010-88379649

网络服务
机　工　官　网：www.cmpbook.com
机　工　官　博：weibo.com/cmp1952
教育服务网：www.cmpedu.com
金　书　网：www.golden-book.com

PREFACE 前言

随着企业转型升级，许多企业在“机器换人”过程中纷纷采用自动化生产线。自动化生产线是现代工业的生命线，机械制造、电子信息、石油化工、轻工纺织、食品制药、汽车生产及军工业等现代化工业的发展都离不开自动化生产线，然而许多企业中能够熟练掌握 PLC 应用技术、过程控制技术等自动化生产线运行与维护技术的人才非常短缺。

本书是中等职业学校和技工院校机电及电气类专业的“理实一体化”教学用书，主要包括两个模块、七个项目。

模块一为走进典型自动化生产线，包含两个项目。项目一为了解自动化生产线及其应用，主要介绍了各行各业对自动化生产线的需求、自动化生产线的概念及其发展趋势，重点介绍了汽车焊装和涂装自动化生产线的主要工序、压铸锅自动化生产线和 SMT 自动化生产线的主要生产流程。项目二为酵母自动化生产线的运行与维护，主要介绍了自动化生产线的生产过程及其控制原理，自动化生产线现场管理、巡检和交接班的内容及要求，以及自动化生产线设备润滑保养和维修要求。

模块二为 YL-335B 型自动化生产线的运行与调试，包含五个项目。本模块主要以亚龙科技集团 YL-335B 型自动化生产线实训考核装置的运行调试作为教学项目，项目一为供料单元的运行与调试，项目二为加工单元的运行与调试，项目三为装配单元的运行与调试，项目四为分拣单元的运行与调试，项目五为输送单元的运行与调试。

本书根据中职学生的认知特点，以全新的理念来编写，力求在传统教材的基础上有较大的突破，并尽量满足学习者的需求。总体而言，本书具有以下几个特点：

（1）在编写理念上，采用大量精美图片展现各知识点，教学资源上辅以 PPT、视频、动画、实训项目及习题等，尽量以丰富的信息给学习者更多感官的刺激与体验。

（2）在内容选取上，所采用的图片、数据等大多数来自学校和企业的生产现场，教材内容反映现代化工业生产的新技术、新设备、新工艺和新方法。

（3）在层次安排上，从认识典型的自动化生产线入手，通过对生产企业自动化生产线的介绍，让学生了解企业的组织机构、企业部门和岗位职责，以及如何具体运行和维护自动化生产线；通过对典型的自动化生产线实训考核装置运行与调试的介绍，让学生了解自动化生产线中传感器技术、气动控制技术、电气控制技术、可编程序控制技术、变频技术等。

（4）在教学实施上，坚持理论实践一体化，贯彻“做中学、学中做”的职教理念，帮助学生改变学习方式，并自觉地走向社会、融入社会，为从事自动化生产线运行与维护等岗位的工作奠定基础。

（5）在教学评价上，坚持过程评价，以学生在课堂上的问答情况、分组讨论情况、实训项目操作情况等为依据进行考核；坚持成果评价，通过在实训考核装置上完成实训项目的结果进行评价，调动学生学习专业技能的积极性。

建议第四或第五学期在专业课教师的指导下，主要在实训车间完成本课程的学习任务。可从各学校现有的实训设备出发，弹性选择教学内容，按模块方式组合，学时可做适当调整。具体学时安排建议见下表。

项目名称	学时数
模块一　走进典型自动化生产线	16
模块二　YL-335B 型自动化生产线的运行与调试	56

本书由国家示范性职业学校数字化资源共建共享课题组承编，由浙江省永康市职业技术学校完成编写。其中，模块一由胡桂兰编写，模块二由郭丽华、徐红燕共同编写，马林刚负责配套资源的制作。

在本书编写过程中，得到了浙江亚龙科技集团有限公司、广东三向教学仪器制造有限公司、安琪酵母（伊犁）有限公司、浙江优傲智能科技有限公司、中国南龙集团有限公司等企业的大力支持，在此表示衷心的感谢！

限于编者水平，书中难免存在不足之处，敬请读者批评指正。

编　者

CONTENTS 目录

模块一 1

走进典型自动化生产线

通过自动化生产线在汽车装配、机械加工、电子产品生产中的应用介绍，让大家了解自动化生产线在各行各业的需求，了解自动化生产线概念及其发展趋势。以酵母自动化生产线运行与维护为例，了解酵母自动化生产企业的组织架构、酵母自动化生产线生产过程及其控制原理、自动化生产线生产企业现场管理、自动化生产线巡回检查及交接班，以及自动化生产线的设备保养和维护工作。

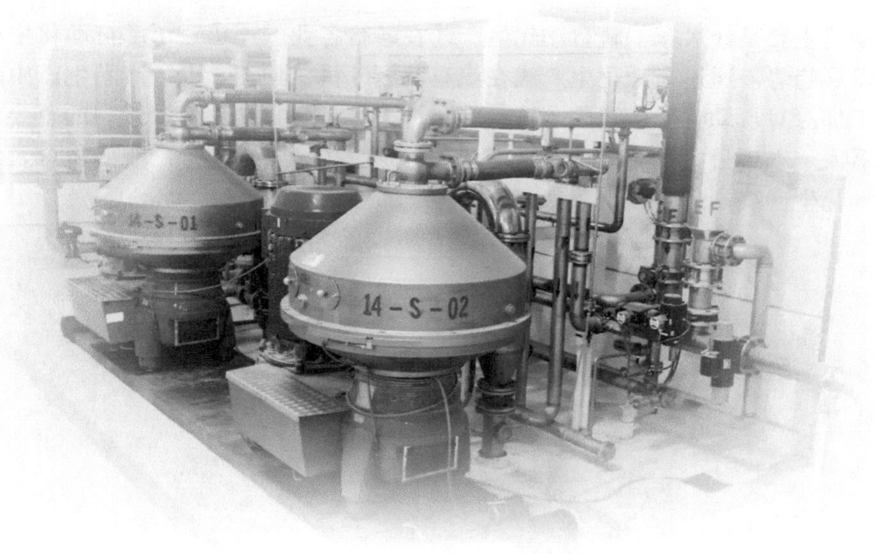

项目一

了解自动化生产线及其应用

学习目标

1. 了解自动化生产线产生的背景、定义、功能和发展概况。
2. 了解汽车焊装和涂装自动化生产线的主要工序。
3. 了解压铸锅自动化生产线和 SMT 自动化生产线的主要生产流程。
4. 了解工业机器人在自动化生产线中的应用。

项目简介

本项目主要是让大家了解自动化生产线在各行各业的需求，了解自动化生产线的概念及其发展趋势。通过自动化生产线在汽车装配、机械加工、电子产品生产中的应用介绍进一步加深对自动化生产线的了解，同时让大家了解自动化生产线中的重要设备——工业机器人。本项目主要有两个教学任务，分别为了解自动化生产线的需求及发展、典型的自动化生产线。

任务一　了解自动化生产线需求及发展

任务目标

1. 了解各行各业对自动化生产线的需求。
2. 理解自动化生产线的定义。
3. 掌握自动化生产线的功能。
4. 了解自动化生产线的发展概况

任务描述

了解各行各业对自动化生产线的需求，了解自动化生产线的概念及其发展趋势。

任务实施

一　各行各业对自动化生产线的需求

（一）社会需求

新中国成立以后，中国的机械制造业飞速发展。20 世纪 70 年代，由于微电子技术、传感器技术、控制技术与机电一体化技术的快速发展，尤其是计算机的广泛应用，不仅给机械制造领域带来了许多新观念、新技术、新工艺，而且使机械制造技术产生了质的飞跃，迈上了一个个新的台阶。

对国内大中型企业在人才需求、生产工艺、使用设备、岗位需求、核心技能、技能主要控制手段等方面进行调研发现，各企业生产过程控制方面的人才短缺，尤其是 PLC 应用技术、仪表安装与校验技术、集散控制系统的运行与维护等方面人才流动较大，人才短缺，原有的职工专业能力、技能水平已经不能适应现代技术的发展，社会上急需掌握过程控制技术方面的人才。

（二）行业需求

随着科技进步和过程控制技术的迅猛发展，国内外知名企业纷纷将成熟、先进的集散控制系统应用于大型企业。中小型企业也在进行技术改造，用先进的控制技术替代原有的传统控制技术。现代化的工业生产必然需要掌握先进的过程控制技术的人才。

自动化生产线是在流水线和自动化专机的功能基础上逐渐发展形成的自动工作的机电一体化的装置系统。自动化生产线（图 1-1）是现代工业的生命线，机械制造、电子信息、石油化工、轻工纺织、食品制药、汽车生产以及军工业等现代化工业的发展都离不开自动化生产线的主导和支撑作用，其在整个工业及其他领域也有着重要的地位和作用。

a) 机械制造行业自动化生产线

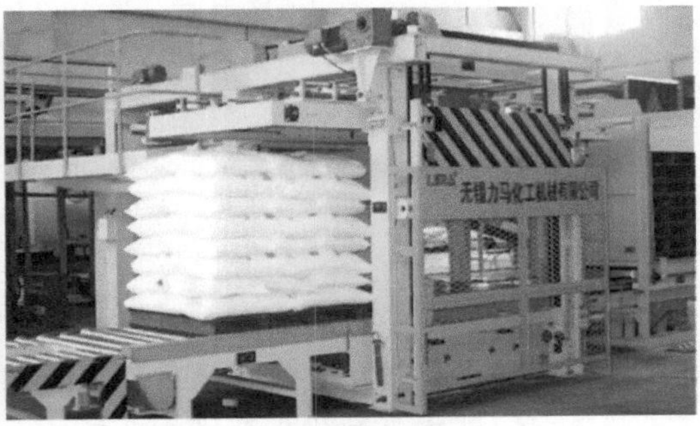

b) 化工行业自动化生产线

c) 轻工纺织行业自动化生产线

d) 制药行业自动化生产线

图 1-1　部分自动化生产线

（三）岗位需求

当今时代，由于科学技术的快速发展，自动化生产技术在工业生产中得到越来越广泛的应用。在机械制造、电子等行业已经设计和制造出大量的类型各异的自动化生产线。这些自动化生产线的使用，在提高劳动效率和产品质量、改善工人劳动条件、降低能源消耗、节约材料等方面均取得了显著的成效。

如某企业在“机器换人”过程中采用自动化生产线——全自动机器人压铸岛，使压铸车间的员工从原先的1000人减到400多人，图1-2是全自动机器人压铸岛的生产流程。

由此可见，要依据岗位需求培养具有本专业必备的理论基础、熟练的基本技能和良好职业素质的合格毕业生；使学生成为懂得典型自动化生产工艺过程，能从事工业过程控制系统的运行、维护、管理的生产一线需要的优秀高端技能型专门人才。

二　自动化生产线概念及其发展

（一）自动化生产线概念及其功能

1. 自动化生产线定义

自动化生产线不仅要求流水线上各种机械加工装置能自动地完成预定的各道工序及其工艺过程，从而使产品合格，而且要求装卸工件、定位夹紧、工件在工序间输送、工件的分拣甚至包装等都能自动地进行，并使其按照规定的程序自动地进行工作。这种自

a) 全自动机器人压铸岛

b) 机器人把发动机缸体从模具中取出

c) 机器人把发动机缸体放在自动流水线上

d) 员工对压铸岛进行运行与维护

图 1-2　全自动机器人压铸岛的生产流程

动工作的机械电气一体化系统称为自动化生产线。

简单地说，自动化生产线是由工件传送系统和控制系统将一组自动机床和辅助设备按照工艺顺序连接起来，自动完成产品全部或部分制造过程的生产系统，简称自动线。

自动化生产线（图 1-3）虽源于流水生产线，与流水生产线有相似之处，但其性能已经远远超过流水生产线（图 1-4），并有许多明显的不同。最主要的不同是自动化生产线有较高的自动化程度，还具有比流水生产线更为严格的生产节奏，必须以一定的生产节拍经过各个工位完成预定的加工。

2. 自动化生产线功能

由于生产的产品不同，各种类型自动化生产线的大小不一、结构有别、功能各异。可以把自动化生产线分为五个部分：机械本体、检测单元、信息处理单元、执行机构和接口部分。

从功能上来看，不论何种类型的自动化生产线都应具备最基本的四大功能：运转功能、控制功能、检测功能和驱动功能。

（1）运转功能

运转功能在生产线中依靠动力源来提供。

图 1-3　自动化生产线

图 1-4　流水生产线

（2）控制功能

控制功能在自动化生产线中得以实现，是由微型计算机、单片机（图 1-5）、可编程序控制器（图 1-6）或其他一些电子装置来承担完成的。在工作过程中，设在各部位的传感器把信号检测出来，控制装置对信号进行存储、运输、运算、变换等，然后用相应的接口电路向执行机构发出命令完成必要的动作。

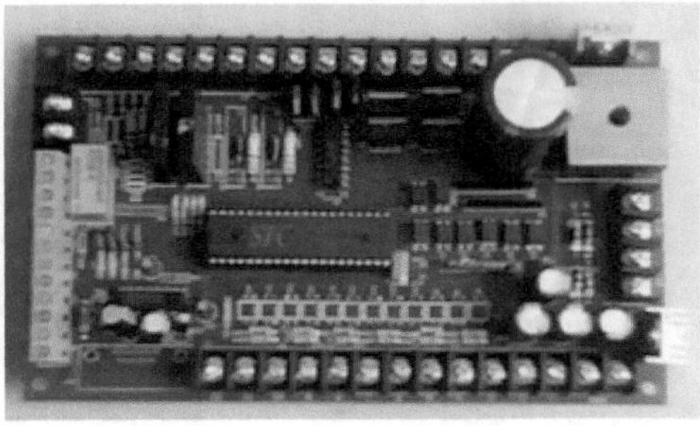

图 1-5　单片机

图 1-6　可编程序控制器

（3）检测功能

检测功能主要由位置传感器、直线位移传感器（图 1-7）、角位移传感器（图 1-8）等各种传感器来实现。传感器收集生产线上的各种信息，如位置、温度、压力、流量等传递给信息处理单元，以此完成控制功能。

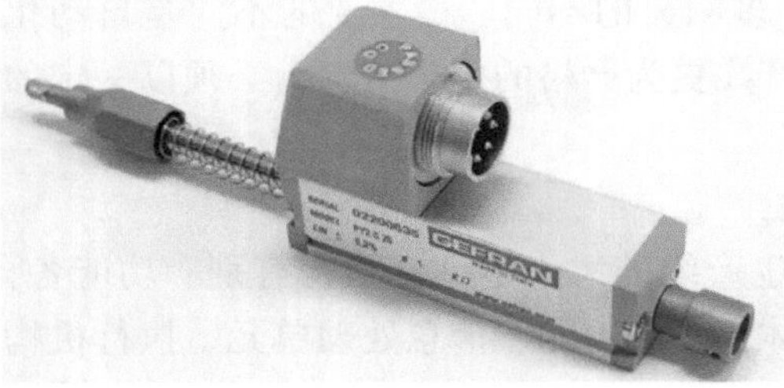

图 1-7　直线位移传感器

图 1-8　角位移传感器

（4）驱动功能

驱动功能主要由电动机、液压缸、气压缸、电磁阀、机械手或机器人等执行机构来完成，如图 1-9 所示。

a) 液压缸　　b) 电磁阀

c) 机械手　　d) 工业机器人

图 1-9　具有驱动功能的各种执行机构

整个自动化生产线的主体是机械部分。以工业机械手为例，主要应用于工业生产过程，它能够模仿人手和手臂的某些动作功能，是按固定程序抓取、搬运物件或操作工具的自动操作装置。另外它还可以代替人的繁重劳动以实现生产的机械化和自动化，能在有害环境下进行操作作业，替代人以保护人身安全，因而广泛应用于机械制造、冶金、电子、轻工业和原子能等领域。

（二）自动化生产线的发展概况

自动化生产线技术综合应用机械技术、控制技术、传感技术、驱动技术、网络技术等，通过自动化输送及其他辅助装置，按照特定的生产流程，将各种自动化专机连接成一体，并通过气动、液压、电动机、传感器和电气控制系统使各部分的动作联系起来，使整个系统按照规定的程序自动工作，连续、稳定地生产出符合技术要求的特定产品。

自动化生产线所涉及的技术领域是很广泛的，它的发展、完善是与各种相关技术的进步及相互渗透紧密相连的。各种技术的不断更新推动了它的迅速发展。

1. 应用可编程序控制器技术

可编程序控制器（PLC）是一种以顺序控制为主、回路调节为辅的工业控制机。它不仅能完成逻辑判断、定时、计数、记忆和算术运算等功能，而且还能大规模地控制开关量和模拟量，克服了工业控制计算机用于控制系统所存在的编程复杂、非标准外部接口、配套复杂、机器资源未能充分利用而导致功能过剩、造价高昂、对工程现场环境适应性差等缺点。由于 PLC 具有一系列优点，因而替代了许多传统的顺序控制器，如继电—接触器控制逻辑等，开始广泛应用于自动化生产线中的控制系统。

2. 应用机械手、机器人技术

由于微型计算机的出现，机器人内装的控制器被计算机代替而产生了工业机器人，以工业机械手最为普遍。各具特色的机器人和机械手在自动化生产线中的装卸工件、定位夹紧、工件在工序间的输送、加工余料的排除、加工操作、包装等部分得到广泛使用。现在正在研制的第三代智能机器人不仅具有运动操作技能，而且还有视觉、听觉、触觉等感觉的辨别能力，具有判断、决策能力，能掌握自然语言的自动装置也正在逐渐应用到自动化生产线中。

3. 应用传感器技术

传感技术随着材料科学的发展和固体物理效应的不断出现，形成并建立了一个完整的独立科学体系——传感器技术。在应用上出现了带微处理器的“智能传感器”，它在自动化生产线中监视着各种复杂的自动控制程序，起着极其重要的作用。

4. 应用液压和气动传动技术

液压和气动传动技术，特别是气动技术，由于使用取之不尽的空气作为介质，具有传动反应快、动作迅速、气动元件制作容易、成本小、便于集中供应和长距离输送等优点，从而引起人们的普遍重视。气动技术已经发展成为一个独立的技术领域，在各行业，特别是在自动化生产线中得到迅速发展和广泛的应用。

5. 应用网络技术

网络技术的飞跃发展，无论是现场总线还是工业化以太网络，使得自动化生产线中的各个控制单元构成一个协调运转的整体。

进入 21 世纪，自动化的功能在计算机技术、网络通信技术和人工智能技术的推动下，将生产出智能控制设备，使工业生产过程有一定的自适应能力。所有这些支持自动化生产的相关技术的进一步发展，使得自动化生产技术功能更加齐全、完善和先进，从而能完成技术性更复杂的操作，并能生产或装配工艺更高的产品。

任务评价

请填写了解自动化生产线及其应用的学习评价表（表 1-1）。

表 1-1　了解自动化生产线及其应用的学习评价表

评价时间：　　年　　月　　日

序号	工作内容	评价要点	配分	学生自评	学生互评	教师评分
1	各行各业对自动化生产线的需求	能说出各行各业对自动化生产线的需求	20			
2	自动化生产线的概念	能说出自动化生产线的概念	20			
3	自动化生产线的功能	能说出自动化生产线的功能	20			
4	自动化生产线的综合技术	能说出自动化生产线的综合技术	20			
5	自动化生产线的组成	能说出自动化生产线的主要组成部分	20			
合计			100			

任务二　了解典型的自动化生产线

任务目标

1. 了解汽车焊装、涂装、总装自动化生产线的主要工序。
2. 了解压铸锅自动化生产线和 SMT 自动化生产线的主要生产流程。

任务描述

通过了解汽车焊装、涂装等自动化生产线的主要生产流程，了解自动化生产线在装配、喷涂生产中的应用。通过了解压铸锅自动化生产线和 SMT 自动化生产线的主要生产流程，了解自动化生产线在机械加工和电子产品生产中的应用。

任务实施

一　汽车焊装自动化生产线

许多汽车企业拥有先进的自动化生产线。汽车装配生产线主要有汽车焊装自动化生产线、汽车涂装自动化生产线、汽车总装自动化生产线。考虑到设备性能、生产节拍、总体布局和物流传输等因素，汽车自动化装配生产线采用标准化、模块化设计，选用各种机械手及可编程序自动化装置，实现零件的自动供料、自动装配、自动检测等装配过程自动化，采用网络通信监控、数据管理实现控制与管理。下面以宝马 F30 装配生产过程为例，去领略目前顶级的汽车企业的生产线装配过程，它的生产过程具有高效率、高科技、低人工、低成本和低污染的特点。

1. 焊接车身底面

车身底盘由多个用钢板冲压成形的零件焊接在一起，这样复杂的工序由电焊机器人负责完成。从图 1-10 中能看到 F30 的地台有非常突出的隆起，用以避让变速器和传动轴。

2. 焊接车身侧面

在完成车身底盘焊装后，工业机器人对车身侧面进行焊接，如图 1-11 所示。

3. 焊接车顶及前后车门

业内著名的 ABB 工业机器人是宝马 F30 焊装自动化生产线的功臣。焊接车顶及前后车门如图 1-12 所示。

4. 车门的定位和安装

车门的定位和安装都由工业机器人完成，如图 1-13 所示。

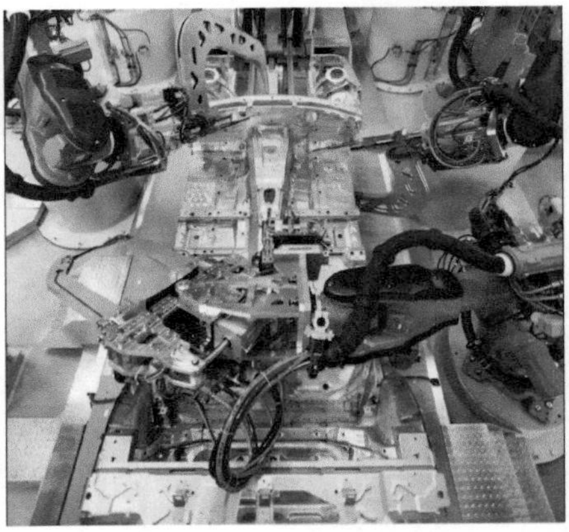

图 1-10　焊接车身底盘

图 1-11　焊接车身侧面

图 1-12　焊接车顶及前后车门

5. 检验

完成后的车身进入检验阶段，这项工作由人工和自动化测量设备合作完成，如图 1-14 所示。

图 1-13　车门的定位和安装

图 1-14　检验

6. 安装好行李箱盖和车门

车身焊接完成后，安装好行李箱盖和车门，如图 1-15 所示，再由技术人员对行李箱盖与车身的缝隙和平整度进行检测，保证误差在合理范围内。

图 1-15　安装好行李箱盖和车门

二　汽车涂装自动化生产线

汽车涂装自动化生产线主要有以下几道工序。

1. 进入电泳池电泳

合格的车身首先进入电泳涂装环节，如图 1-16 所示，车身和油漆分别接上阴极和阳极，让底漆能更好地附着到钢板上，让车身拥有第一道防腐蚀的屏障，并有利于下一道工序漆面的附着。

2. 进入烘烤箱烘烤

电泳完成后第一次进入烘烤箱，如图 1-17 所示，整个烘烤过程就是车身在滑轨上慢速通过烘烤“隧道”。这是一个高效率的自动化生产流水线。

图 1-16　进入电泳池电泳

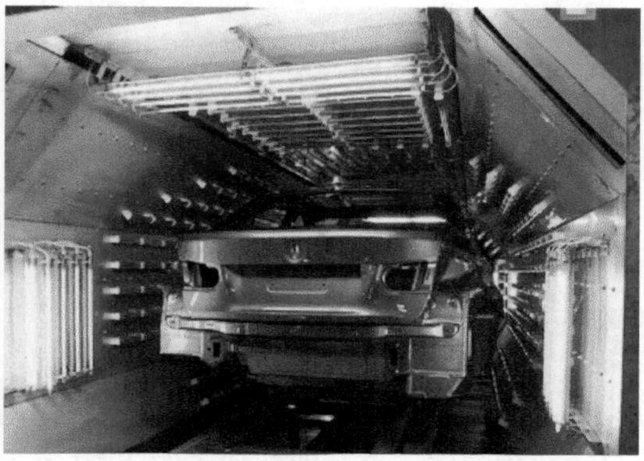

图 1-17　进入烘烤箱烘烤

3. 底漆的喷涂

电泳工序完毕的车身正式进入涂装阶段。首先进行白车身处理，底漆的喷涂（图 1-18）由机械手完成，可以保证漆面的厚度一致且不留死角。这样恶劣的工作环境中，看不到一个工人，全部由机器人完成工作。

4. 另一层漆的喷涂

接着喷涂另一层漆，如图 1-19 所示，多达十只机械手协同工作，几分钟就可以完成熟练喷漆工需要数小时才能完成的工作量。

图 1-18　底漆的喷涂

图 1-19　另一层漆的喷涂

5. 为汽车上色

为汽车上色阶段如图 1-20 所示，此阶段由工业机器人完成。

6. 对车身进行烘烤

上色完毕的车身进入烤漆房烘烤，如图 1-21 所示，此时车身表面已经有非常漂亮的镜面反射效果。

图 1-20　为汽车上色

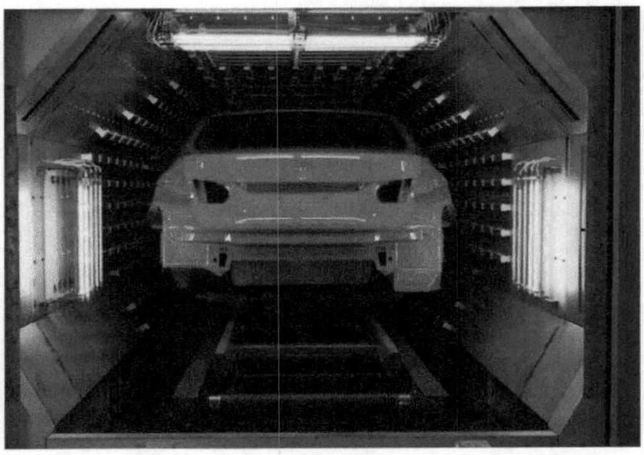

图 1-21　对车身进行烘烤

三　压铸锅自动化生产线

这是某企业在“机器换人”和“两化融合”过程中引进的技术改造项目——压铸锅自动化生产线。该企业花费了约 2000 万元，组成该生产线的相关设备：1 台熔化炉、1 台自动给汤机、10 台压铸机，其中每台压铸机有自动喷雾除尘、机械手自动舀铝液、机械手自动取件等功能。该压铸锅自动化生产线每班生产压铸锅锅身可达 6000 只。

企业引进该生产线，从简单制造向高附加值的智能制造转变，从劳动密集型向生产“自动化、现代化”转变，减少了用工、能耗，提高了生产效率和产品质量。下面主要介绍压铸锅自动化生产线的主要生产流程。

1. 熔化炉熔化铝合金熔液（铝液）

将铝合金锭或回收铝料（图 1-22）放进中央铝合金熔化炉（图 1-23）中的熔化室熔化，再放到中央熔化炉中的净化室中保温，保温时间根据炉中用量来定，并做好打渣、出气、精炼等工作。

图 1-22　铝压铸锅原料——铝合金锭

图 1-23　中央铝合金熔化炉

2. 给汤机送铝液到压铸机

压铸机在生产过程中检测到需增加铝合金熔液的情况时发出指令，当给汤机接收到指令时就根据指令从熔化炉中取铝液，沿轨道运行（图 1-24），最后将铝液送到压铸机上（图 1-25）。

图 1-24　给汤机沿轨道运行

图 1-25　给汤机将铝液送到压铸机上

3. 压铸锅身

机械手从锅炉中舀出铝液，如图 1-26 所示，倒入压铸机的压铸口。压铸机的喷雾机构自动喷雾除尘，如图 1-27 所示。

压铸机压铸结束后，打开设备，机械手将锅从压铸机中取出，如图 1-28 所示，操作工人将锅从生产线上用工具搬下来并叠放好，如图 1-29 所示。

四　SMT 自动化生产线

表面组装技术（Surface Mount Technology，SMT）是由混合集成电路技术发展而来的新一代电子装联技术，以采用元器件表面贴装技术和回流焊接技术为特点，成为电子

图 1-26　机械手舀出铝液

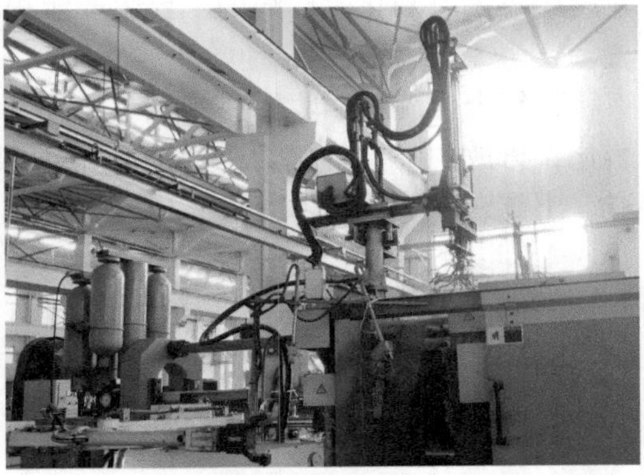

图 1-27　喷雾机构自动喷雾除尘

图 1-28　机械手将锅取出

图 1-29　将锅叠放好

产品制造中新一代的组装技术，图 1-30 所示为 SMT 自动化生产线。一般采用 SMT 之后，电子产品体积缩小 40% ~60%，重量减轻 60% ~80%，贴片元器件的体积和重量只有传统插装元器件的 1/10 左右。

图 1-30　SMT 自动化生产线

SMT 的广泛应用，促进了电子产品的小型化、多功能化，为大批量生产、低缺陷率生产提供了条件。

SMT 自动化生产线主要生产流程如下。

1. 锡膏印刷

其作用是将锡膏用刮刀呈 45°漏印到印制电路板（简称 PCB）的焊盘上，为元器件的焊接做准备。所用设备为锡膏印刷机，如图 1-31 所示，位于 SMT 生产线的最前端。

2. 零件贴片

其作用是将表面组装元器件准确安装到 PCB 的固定位置上。所用设备为贴片机，如图 1-32 所示，位于 SMT 自动化生产线中锡膏印刷机的后面，一般为高速机和泛用机，按照生产需求搭配使用。

图 1-31　锡膏印刷机

图 1-32　贴片机

3. 回流焊接

其作用是将焊膏融化，使表面组装元器件与 PCB 牢固焊接在一起。所用设备为回流焊炉，如图 1-33 所示，位于 SMT 生产线中贴片机的后面。这一道工序对温度要求相当严格，需要实时进行温度测量。

4. 检测

其作用是对焊接好的 PCB 进行焊接质量的检测。所用设备为自动光学检测机（AOI），如图 1-34 所示。根据检测的需要，它可以配置在生产线合适的地方，有的在回流焊接前，有的在回流焊接后。

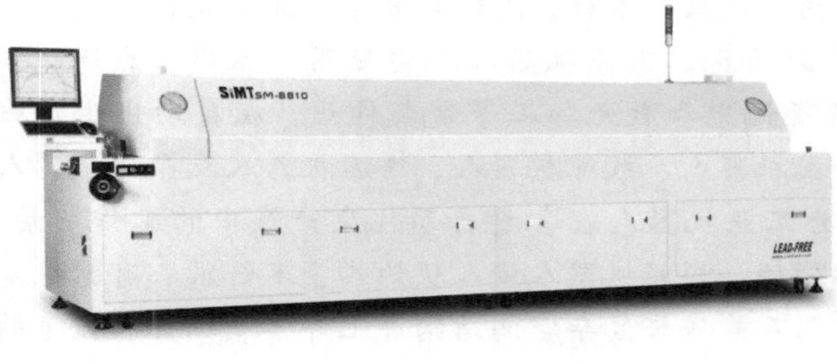

图 1-33　回流焊炉

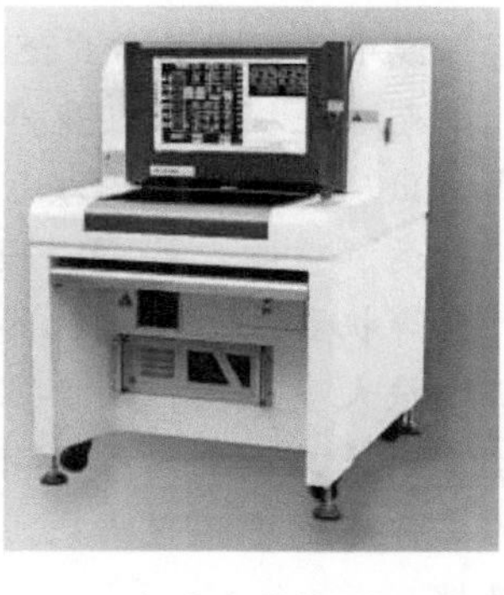

图 1-34　自动光学检测机（AOI）

5. 维修

其作用是对检测出故障的 PCB 进行返修。所用工具为电烙铁、返修工作站等，配置在光学检测后。

任务评价

请填写了解典型自动化生产线的学习评价表（表 1-2）。

表 1-2　了解典型自动化生产线的学习评价表

评价时间：　　年　　月　　日

序号	工作内容	评价要点	配分	学生自评	学生互评	教师评分
1	描述汽车焊装自动化生产线	能说出汽车焊装自动化生产线的主要流程	25			
2	描述汽车涂装自动化生产线	能说出汽车涂装自动化生产线的主要流程	25			
3	描述压铸锅自动化生产线	能说出压铸锅自动化生产线的主要流程	25			
4	描述 SMT 自动化生产线	能说出 SMT 自动化生产线的主要流程	25			
合计			100			

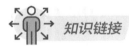

知识链接

工业机器人在自动化生产线中的应用

据统计，日本每一万名工人中配有 400 个工业机器人，欧盟每一万名工人中有 250 个工业机器人，而中国每一万名工人中只配有 20 个工业机器人。中国制造业要达到日本、美国和德国那样的生产自动化程度，需要几百万台工业机器人。工业机器人在自动化生产线中的应用非常广泛。

早期工业机器人在生产上主要用于机床上下料、点焊和喷漆。随着柔性自动化生产线的出现，机器人扮演了更重要的角色，工业机器人主要应用于弧焊、点焊、装配、搬运、喷漆、检测、码垛、研磨抛光和激光加工等复杂作业。在自动化生产线中，弧焊机器人、点焊机器人、分配机器人、装配机器人、喷漆机器人及搬运机器人等都已被大量采用。图 1-35 所示为工业机器人在各种自动化生产线中的工作场景。焊接工艺是工业机器人应用的重要领域，焊接机器人使人从灼热、不舒服、有时很危险的工作环境中解脱出来。点焊机器人能保证复杂空间结构件上焊接点位置和数量的正确性。

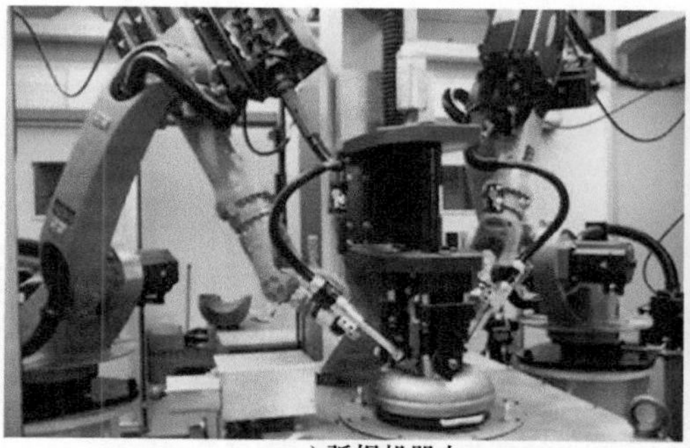
a) 弧焊机器人

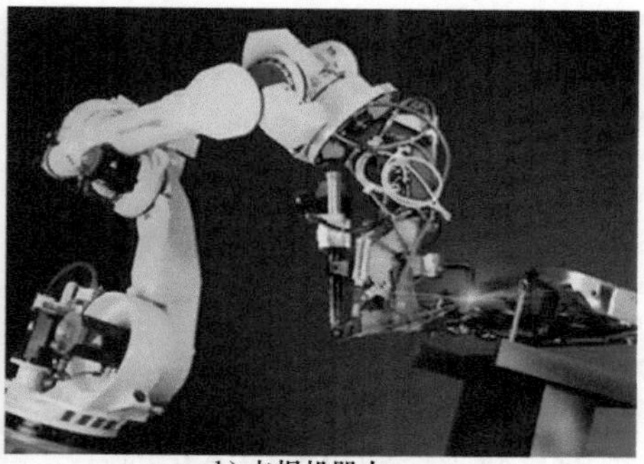
b) 点焊机器人

c) 上料机器人

d) 物料输送机器人

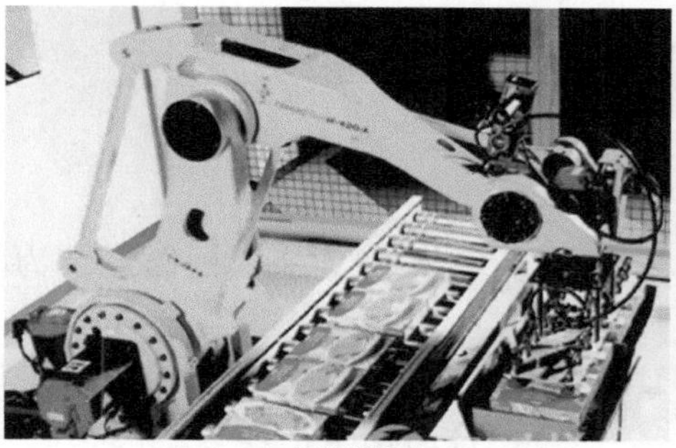
e) 包装机器人

f) 装配机器人

g) 喷漆机器人

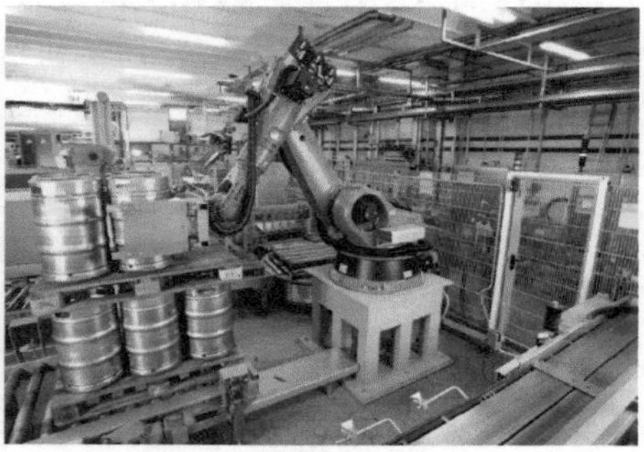
h) 搬运机器人

图 1-35　工业机器人在各种自动化生产线中的工作场景

自我测试

一、填空题

1. 由于（　　　　　）、（　　　　　）、（　　　　　）与机电一体化技术的快速发展，尤其是计算机的广泛应用，使机械制造技术产生了质的飞跃。

2. 自动化生产线是在（　　　　　）和（　　　　　）的功能基础上逐渐发展形成的自动工作的机电一体化的（　　　　　）。

3. 自动化生产线是由（　　　　　）和（　　　　　）将一组自动机床和辅助设备按照（　　　　　）连接起来，自动完成产品全部或部分制造过程的（　　　　　）。

4. 自动化生产线分为五个部分：（　　　　　）、（　　　　　）、（　　　　　）、（　　　　　）和接口部分。

5. 自动化生产线都具备最基本的四大功能，即（　　　　　）功能、（　　　　　）功能、（　　　　　）功能和（　　　　　）功能。

6. 检测功能主要由（　　　　　）传感器、（　　　　　）传感器和（　　　　　）传感器等各种传感器来实现。

7. 驱动功能主要由（　　　　　）、（　　　　　）、（　　　　　）、（　　　　　）、机械手或机器人等执行机构来完成。

8. 自动化生产线综合技术包括机械技术、（　　　　　）技术、（　　　　　）技术、（　　　　　）技术和网络技术等。

9. 可编程序控制器技术是一种以（　　　　　）控制为主、回路调节为辅的（　　　　　）。

10. 宝马汽车装配生产线主要有汽车（　　　　　）自动化生产线、汽车（　　　　　）自动化生产线和（　　　　　）自动化生产线等。

11. 压铸锅自动化生产线相关的设备有（　　　　　）熔化炉、（　　　　　）自动给汤机和（　　　　　）压铸机等。

二、判断题

1. 现代化的工业生产需要掌握先进过程控制技术的人才。（　　）

2. 自动化生产技术在工业生产中得到越来越广泛的应用。（　　）

3. 在机械制造、电子等行业使用的自动化生产线并不多。（　　）

4. 自动化生产线就是流水生产线。（　　）

5. 自动化生产线控制功能是由微型机、单片机、可编程序控制器或其他一些电子装置来承担的。（　　）

6. 在自动化生产线生产过程中，传感器把信号检测出来，控制装置对信号进行存储、传输、运算和变换等。（　　）

7. 可编程序控制器可以收集生产线上的位置、温度、压力和流量等各种信息。（　　）

8. 工业机械手能够模仿人手和臂的某些动作功能，是按固定程序抓取、搬运物件

或操作工具的自动操作装置。(　　)

9. 第三代智能机器人不仅具有运动操作技能，还有视觉、听觉和触觉等感觉的辨别能力。(　　)

10. 气动技术具有传动反应快、动作迅速、气动元件制作容易、成本小、便于集中供应和长距离输送等优点。(　　)

11. 宝马汽车车门的定位和安装是由人工完成的。(　　)

12. 汽车车身检验是由人工和自动化测量设备合作完成的。(　　)

13. 汽车烘烤过程就是车身在滑轨上慢速通过烘烤“隧道”。(　　)

14. 压铸机的喷雾机构能自动喷雾除尘。(　　)

15. 使用自动化生产线能减少用工和能耗，提高生产效率和产品质量。(　　)

三、简答题

1. 什么叫自动化生产线?
2. 可编程序控制技术具有哪些功能?
3. 汽车焊装自动化生产线主要有哪些生产流程?
4. 汽车涂装自动化生产线主要有哪些生产流程?
5. 压铸锅自动化生产线主要完成哪些工作?

项目二

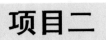

酵母自动化生产线的运行与维护

学习目标

1. 了解自动化生产线生产企业的管理组织机构。
2. 了解酵母自动化生产线主要生产过程及其控制原理。
3. 了解自动化生产线现场管理标准和5S现场管理内容。
4. 了解自动化生产线巡检和交接班的内容和要求。
5. 了解自动化生产线设备润滑保养和维修要求。

项目简介

本项目以酵母自动化生产线运行与维护过程作为教学项目，分为两个教学任务，分别为酵母自动化生产线的生产控制、自动化生产线现场管理与维护。通过本项目的学习，可以让学生了解自动化生产线生产企业的组织架构，酵母自动化生产线生产过程及其控制原理，自动化生产线生产企业运行管理要求，如何做好自动化生产线中设备的保养和维修工作。

任务一　酵母自动化生产线的生产控制

任务目标

1. 了解自动化生产线生产企业的管理组织机构。
2. 了解酵母自动化生产线的主要生产过程。
3. 了解酵母自动化生产线生产过程的控制原理。

任务描述

以酵母自动化生产线生产控制为载体，通过对自动化生产线企业管理组织机构的介绍，让学生了解企业的组织架构。通过对酵母自动化生产线主要生产过程及其控制原理的介绍，让学生初步了解酵母自动化生产线的运行情况。

任务实施

一　自动化生产企业管理组织机构

某公司是专业从事酵母类生物技术产品经营的公司，该公司以糖厂难以处理的废糖蜜为原料，生产高附加值的活性干酵母。该公司领导管理组织机构图如图 1-36 所示，生产部门组织管理机构图如图 1-37 所示。

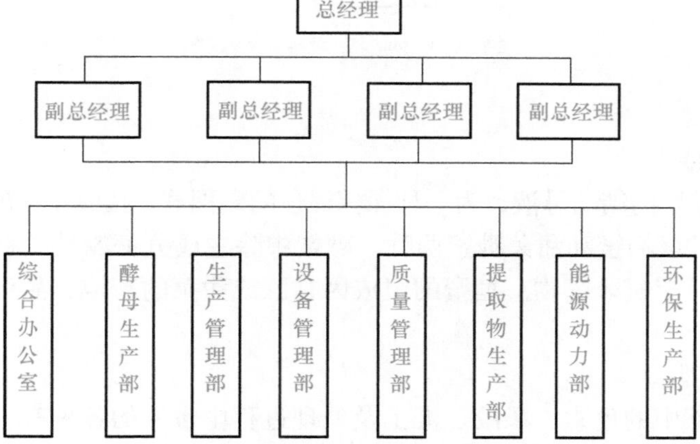

图 1-36　领导管理组织机构图

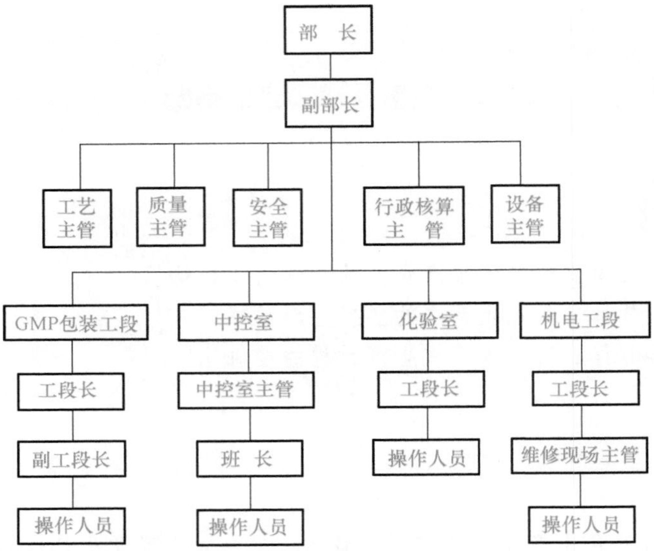

图 1-37 生产部门组织管理机构图

二 酵母自动化生产线主要生产过程

1. 酵母生产组织流程图

酵母菌需要从生长环境中不断汲取营养物质，加以利用，从中获得能量并合成新的细胞物质，同时排出废物，形成一个营养物质不断进入和废物不断排出的新陈代谢过程。酵母生产组织流程图如图 1-38 所示。

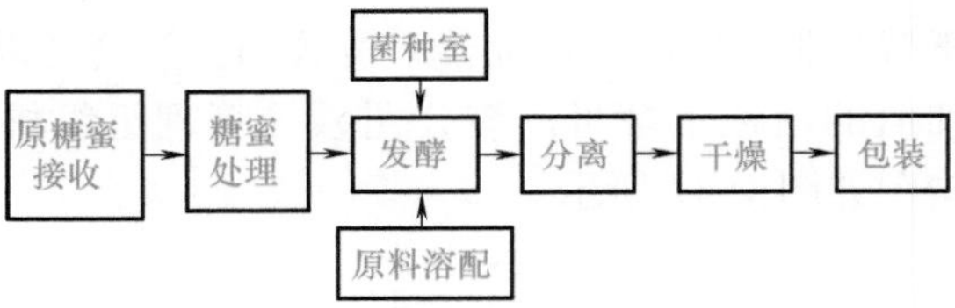

图 1-38 酵母生产组织流程图

2. 酵母主要生产流程

（1） 原糖蜜接收

原糖蜜是制糖厂的结晶母液，为一种深棕褐色的黏稠液，接收槽中的原糖蜜如图 1-39 所示。原糖蜜分甘蔗糖蜜和甜菜糖蜜两种。糖蜜中除主成分蔗糖外，糖蜜中还含有无机盐、非发酵性糖及有机非糖物。糖蜜的组成因甘蔗或甜菜的产地、品种及糖厂加工方法的不同而有变化。

（2） 糖蜜处理

糖蜜含有甘蔗中的色素、果胶、泥土及处理过程中带入的各种有害物质，需要进行综合处理才能提供给发酵流程使用，图 1-40 是糖蜜处理单元。

（3） 酵母发酵

先把菌种放在菌种室培养，再把原料溶配放到罐里处理，再流经酵母发酵设备

图 1-39　接收槽中的原糖蜜

图 1-40　糖蜜处理单元

（图 1-41）进行酵母发酵。

（4）酵母分离

酵母发酵后，经过分离设备对酵母进行分离，如图 1-42 所示。

图 1-41　酵母发酵设备

图 1-42　分离设备

（5）酵母干燥

通过工艺管道上的自控阀门控制（图 1-43），酵母进入干燥过滤设备（图 1-44）进行干燥，然后从干燥输料系统流出。其中经造粒机处理后的酵母如图 1-45 所示，经干燥工艺流程后的酵母粉如图 1-46 所示。

图 1-43　工艺管道上的自控阀门

图 1-44　干燥过滤设备

据资料统计，该公司每日用水量在 8000m^3 左右，每日用电量在 25 万 kW · h 左右，每日蒸汽用量为 800t 左右。企业要求节能降耗，希望从每位员工做起。

图 1-45　造粒机处理后的酵母

图 1-46　干燥出来的酵母粉

三　酵母自动化生产线生产控制原理

1. 酵母自动化生产线控制原理图

该公司酵母系列产品自动化生产线采用世界发酵工业领域的最新技术成果，以先进的集散控制系统为支撑，引进德国、瑞典、西班牙、意大利等欧洲先进的生物工程装备，采用西门子过程控制系统，实现全集成自动化。并通过了 ISO2002 质量管理体系认证、HACCP 管理体系认证及 QS 认证。该公司酵母自动化生产线控制原理图如图 1-47 所示。

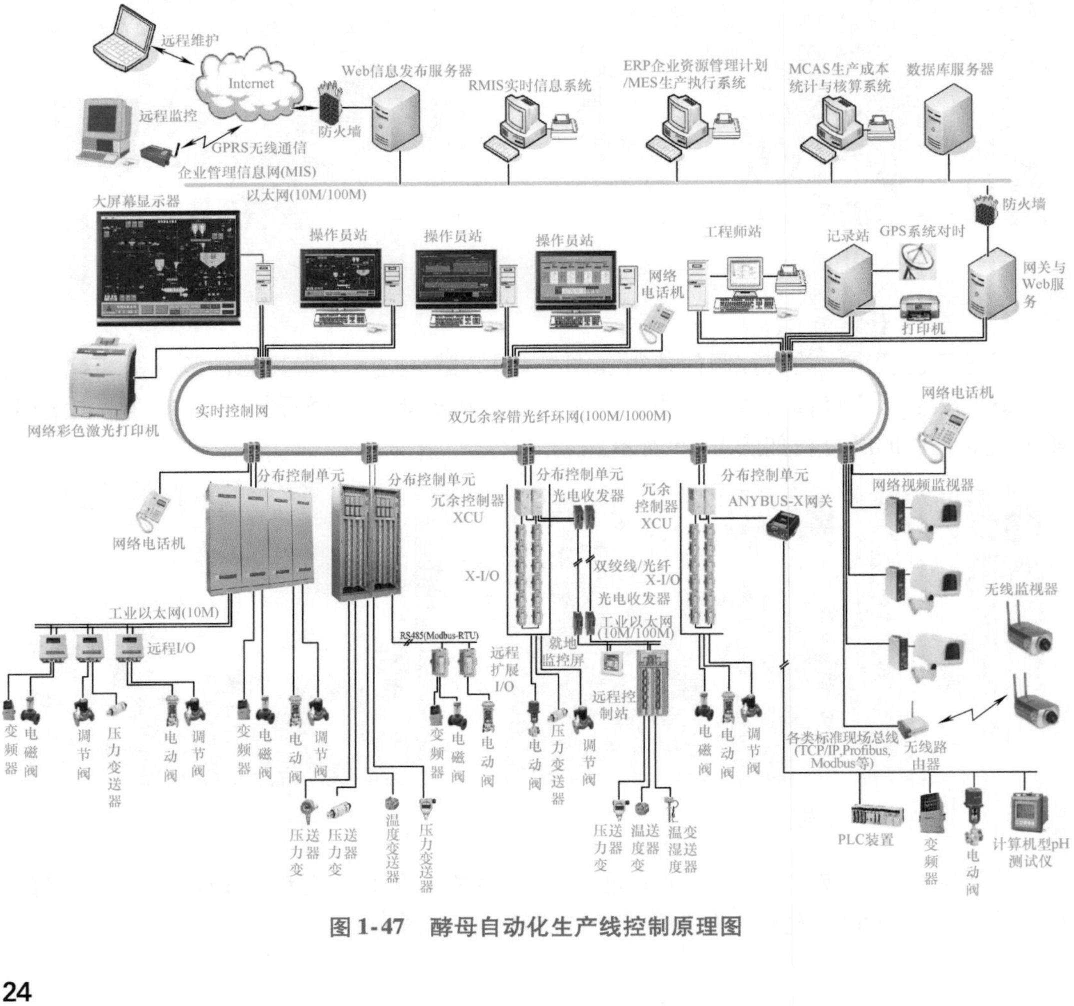

图 1-47　酵母自动化生产线控制原理图

2. 酵母自动化生产线控制原理的主要内容

控制系统采用西门子 PCS 控制系统。由工程师站、操作员站和现场控制柜对各生产现场控制单元进行控制，现场各生产控制单元通过工业 PROFIBUS 通信，将现场传感器检测信号送至 PLC，由 PLC 程序控制输出信号对现场的变频器、电动机、电磁阀、气动开关阀、气动调节阀等进行控制；并由网络视频监控器对车间生产现场进行监控。

该控制生产线的中控室由工程师站、操作员站和记录站等组成，生产线主要工作由操作员启动 PLC 程序模块自动控制完成。操作员负责监视生产线的正常运行，如有异常情况，通过对讲机及时通知机电维修人员。工程师站负责系统程序正常运行及自控系统重要参数的修改，中控室生产场景如图 1-48 所示。

图 1-48 中控室生产场景

PCS 自动控制系统可通过计算机屏幕显示器界面显示和控制自动化生产线的实时生产动态，如图 1-49 所示，界面上红色为超限报警或电动机跳闸状态。

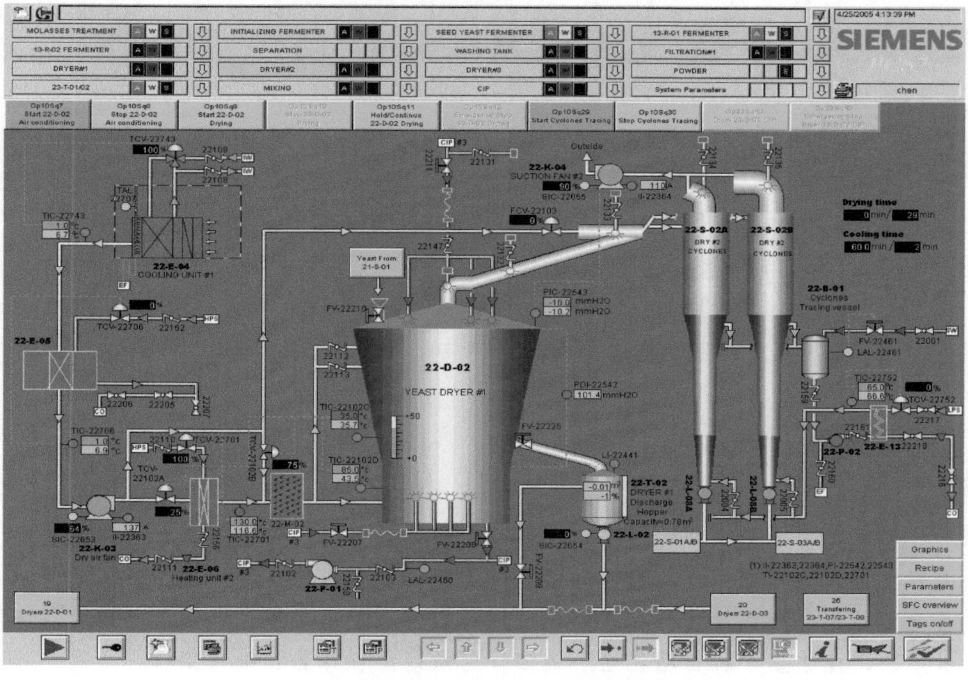

图 1-49 显示自动化生产线实时生产动态

任务评价

请填写酵母自动化生产线生产控制的学习评价表（表1-3）。

表1-3　酵母自动化生产线生产控制的学习评价表

评价时间：　　年　　月　　日

序号	工作内容	评价要点	配分	学生自评	学生互评	教师评分
1	描述自动化生产线生产企业管理组织机构	能说出自动化生产线生产企业领导管理组织机构和生产部门组织管理机构	25			
2	描述酵母生产工艺过程	能说出酵母的主要生产流程	25			
3	描述酵母主要生产流程	能说出酵母生产过程中主要的生产设备	25			
4	描述酵母自动化生产线生产控制原理	能说出酵母自动化生产线生产控制的原理	25			
合计			100			

任务二　自动化生产线现场管理与维护

任务目标

1. 了解自动化生产线现场管理标准和5S现场管理内容。
2. 了解自动化生产线巡回检查的内容和要求。
3. 了解自动化生产线运行交接班要求。
4. 了解自动化生产线设备润滑保养和维修要求。

任务描述

通过对自动化生产线现场管理标准和要求的介绍，对自动化生产线巡回检查内容和要求的介绍，以及对自动化生产线运行交接班要求的介绍，让学生了解企业对自动化生产线的运行管理要求。通过对自动化生产线设备润滑保养和维修要求介绍，让学生了解自动化生产线该如何做好设备保养和维修工作。

任务实施

一 自动化生产线现场5S管理

现场管理是一个企业的企业形象、管理水平、产品质量控制和精神面貌的综合反映，是衡量企业员工综合素质及企业管理水平高低的重要标志。搞好生产现场管理，有利于企业增强竞争力，消除"跑、冒、漏、滴"和"脏、乱、差"状况，提高产品质量和员工素质，保证安全生产，对提高企业经济效益、增强企业实力具有十分重要的意义。

1. 现场管理的概念

现场管理就是指用科学的管理制度、标准和方法对生产现场各生产要素，包括人（工人和管理人员）、机（设备、工具、工位器具）、料（原材料）、法（加工、检测方法）、环（环境）和信（信息）等进行合理有效的计划、组织、协调、控制和检测，使其处于良好的结合状态，达到优质、高效、低耗、均衡、安全、文明生产的目的。

优秀生产现场管理的标准有10点：①定员合理，技能匹配；②材料工具，放置有序；③场地规划，标注清晰；④工作流程，有条不紊；⑤规章制度，落实严格；⑥现场环境，卫生清洁；⑦设备完好，运转正常；⑧安全有序，物流顺畅；⑨定量保质，调控均衡；⑩登记统计，完整无漏。

2. 5S现场管理的概念

"5S"活动起源于日本，主要为整理（Seiri）、整顿（Seiton）、清扫（Seiso）、清洁（Seiketsu）和素养（Shitsuke）这5个词的缩写。因为这5个词中的第一个字母都是"S"，所以简称为"5S"。

"5S"的基本内容包括整理、整顿、清扫、清洁、素养。整理是指区分要用和不用的东西，将不用的东西清理掉；整顿是指将要用的东西依规定定位、定量地摆放整齐，明确地标示；清扫是指清除场内的脏污，并防止污染发生；清洁是指将前3S实施的做法制度化、规范化，贯彻执行并维持成果；素养是指人人依规定行事，养成好习惯。

5S管理的作用是提升品质，减少浪费，降低成本；营造融洽的管理气氛，愉悦员工心情；工作规范有序，提高工作效率；美化工作环境，增强客户对企业的信心；提高企业的知名度和形象。

二 自动化生产线巡回检查

1. 自动化生产线巡检要求

设备巡检工作是生产部设备工作的重点之一，要求严格巡检制度，提高设备人员巡检的意识，强调设备巡检质量。保全人员必须由班长牵头进行巡检，要求至少由两人组队进行，不得一人一片；一班保证2~3次全面巡检。

设备巡检时，必须带好相关检测工具，不得空手巡检；必须认真填写巡检记录，不得伪造；巡检的内容必须按生产部设备巡检关键点进行，不得走马观花。

2. 自动化生产线巡检内容

设备巡检时要求严格巡检制度，提高设备人员巡检的意识，强调设备巡检质量。机电运行维修人员在巡检过程中要眼观六路、耳听八方，根据设备出现的故障征兆及时发现事故隐患，防患于未然，从而更好地保证自动化生产的有序进行。

（1）设备在外观方面的故障征兆

1）异常响声、异常振动。设备在运转过程中出现的非正常声响，设备运转过程中振动剧烈，是设备故障的“报警器”。

2）跑冒滴漏。设备的润滑油、齿轮油、动力转向系油液、制动液等出现渗漏；压缩空气等出现渗漏（有时可以明显地听到漏气的声音），循环冷却水等渗漏。

3）有特殊气味。电动机过热、润滑油窜缸燃烧时，会散发出一种特殊的气味。电路短路、导线等绝缘材料烧毁时会有焦煳味，橡胶等材料燃烧时发出烧焦味。

（2）设备在性能方面的故障征兆

1）功能异常。指设备的工作状况突然出现不正常现象，这是最常见的故障症状。例如设备起动困难、起动慢，甚至不能起动；设备突然自动停机；设备在运转过程中功率不足、速率降低、生产效率降低；设备运转过程中突然紧急制动失灵、失效等；这种故障的征兆比较明显，所以容易察觉。

2）高温过热。冷却系统有问题是原因之一，如缺冷却液或冷却泵不工作。如果是齿轮、轴承等部位过热，多半是因为缺润滑油所导致。设备过热现象可以在巡检时通过红外线测温仪反映出来。

3）油、气消耗过量。润滑油、冷却水消耗过多，表明设备有些部位技术状况恶化，有出现故障的可能；压缩气体的压力不正常等。

4）润滑油出现异常。润滑油变质速度如果较正常时间要快，可能与温度过高等有关系。润滑油中金属颗粒较多，一般与轴承等摩擦量有关，可能需要更换轴承等磨损件。

3. 自动化生产线巡检的三个层次

根据生产部门的实际设备情况，将设备巡检分为三个层次，层与层之间进行监督，互相查漏补缺，做到三重保险，保证巡检工作能全面到位，不给设备隐患留任何机会。

第一层为保全巡检，每个运行班巡检两次以上并做好详尽记录，及时将发现的设备问题提交点检主管。

第二层为点检主管专业点检，每天点检一次以上，重点点检关键设备，结合保全巡检和工艺巡检的情况对设备的状态进行分析。

第三层为每周专业技术主管的精密点检，并对比上述两层点检的情况，对设备进行状态综合评估，提交精密点检周报。

三 自动化生产线运行交接班

1. 交接班前准备工作

交接班人员要提前做好交接准备，提前 10 分钟上岗将交接内容和存在的问题认真记入运行记录和交接班记录中。图 1-50 所示为新老线运行巡检交接记录展板。

2. 交接班内容

交接班内容包括：领导的指令或上级来检查的情况；检查设备运行状态，关注设备运行额定参数（图 1-51）等；关注当班的重点工作进展情况，关注正在工作的工艺流程状态画面（图 1-52）；需要提醒下一班注意安全生产的重点事宜；本班生产过程中发生的大小事故及安全隐患；安全保护设施是否有异常情况，检查设备冷却水是否正常；工具、消防器材及室内卫生情况等。

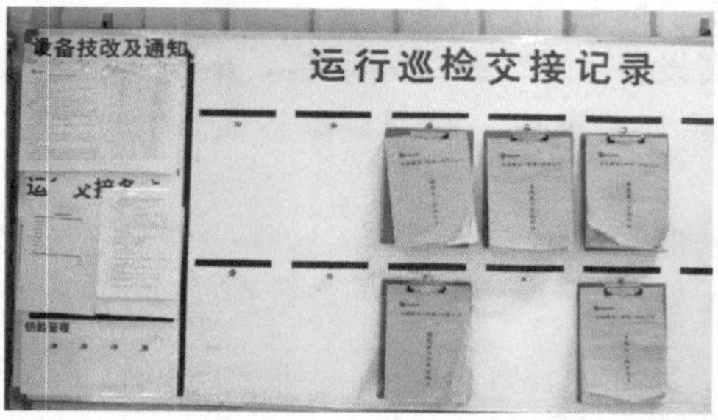

图 1-50　新老线运行巡检交接记录展板

图 1-51　关注设备运行额定参数

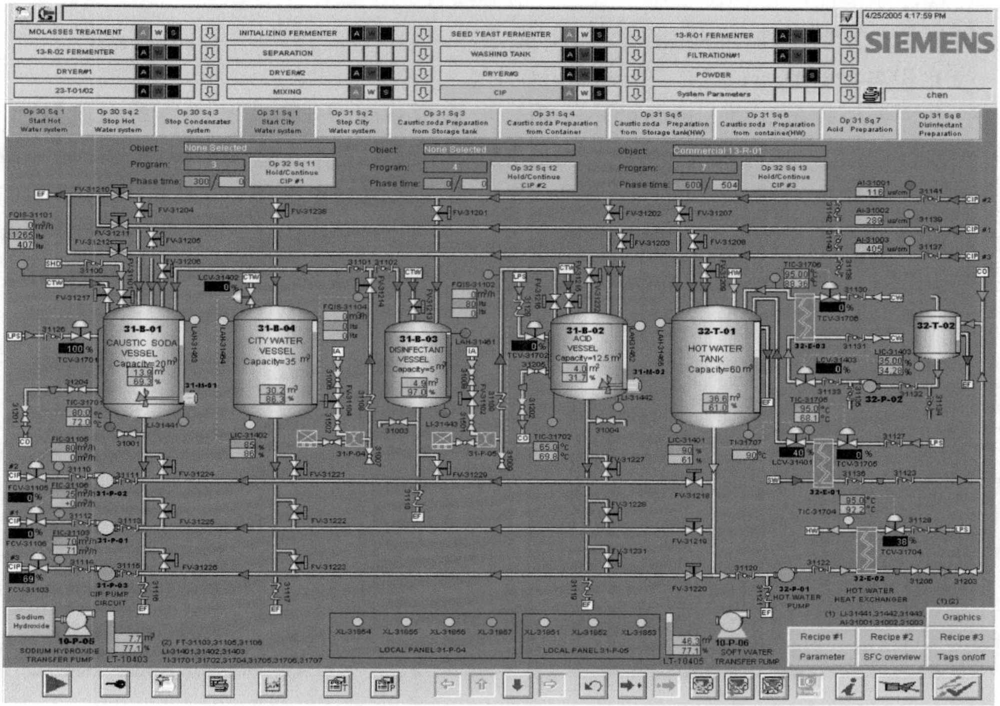

图 1-52　关注正在工作的工艺流程状态画面

3. 交接班时的要求

交接班应坚持做到：资料数据记录不全不准交接；特殊工种岗位不交给无证上岗人员及劳动保护用品穿戴不全者；正在处理的事故或故障不交接，须继续完成。

交接班时要认真，对交接班人员发现的问题要及时进行整改，问题未处理完不能离岗，接班者验收合格后，双方在记录本上签字确认。

在交接班前发现的问题由交班方负责，交班完毕后，对发现的大小问题，一律归接班人员负责，交班方不负任何责任。

四 自动化生产线设备润滑保养和维修

1. 自动化生产线设备的润滑保养

设备的润滑管理工作是设备维护工作的重要组成部分，正确与合理润滑是保证设备正常运转、减少机器磨损、延长使用寿命、提高设备生产效率的一项有效措施。参照设备说明书，详细制定设备的润滑部位、润滑油品、润滑量、润滑周期以及润滑责任人等。明确各操作、维修岗位的润滑保养职责。

严格润滑记录管理，详细记录润滑的过程。贯彻实施润滑定点、定质、定量、定期和定人的五定原则。

2. 自动化生产线设备维修

生产部门的设备维修分为计划检修和故障维修。计划检修是保证生产设备具有良好的工作状态，防止零部件磨损过度、设备的精度和技术性能下降，及时消除设备缺陷，延长设备使用寿命的一种设备维护维修；故障维修是设备发生故障或性能不能满足生产时所进行的非计划维修。

（1）设备的计划检修

设备计划检修包括单台设备的小、中、大修及全部门停产大检修。单台设备的小、中、大修计划由设备管理部门根据生产及市场情况统一安排。全部门停产大检修由设备部门根据大修前情况调查编制大修计划，经设备管理部部长审核后报生产中心及公司设备副总审批，审批通过后方可执行。图 1-53 所示为维修人员对包装机进行技术改造维修；图 1-54 所示为设备管理维修人员更换进口设备转鼓滤布，图 1-55 所示为维修人员进行进口分离机大修工作。

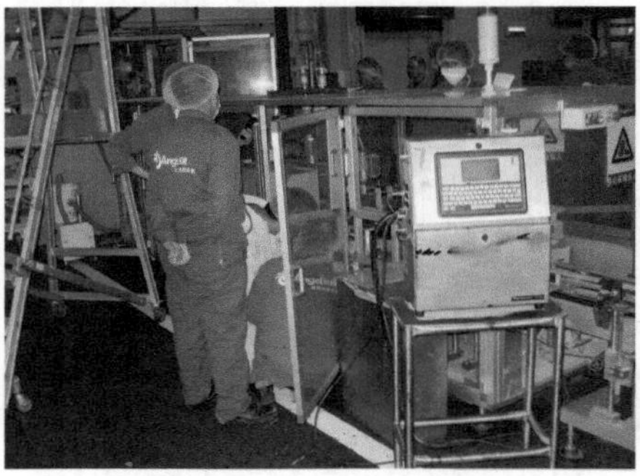

图 1-53 对包装机进行技术改造维修

图 1-54 更换进口设备转鼓滤布

计划检修实施之前，应根据部门编制的检修计划提出备品备件及材料计划，备品备件及材料未准备充分之前不得实施计划检修。

计划检修任务由设备部根据生产实际情况向维修处下达，在检修实施过程中维修人员应严格按检修保养规程执行，按照检修计划保质、保量、按期完成检修任务，如遇特殊情况需要修改检修内容时，应上报点检处，办理审批手续。

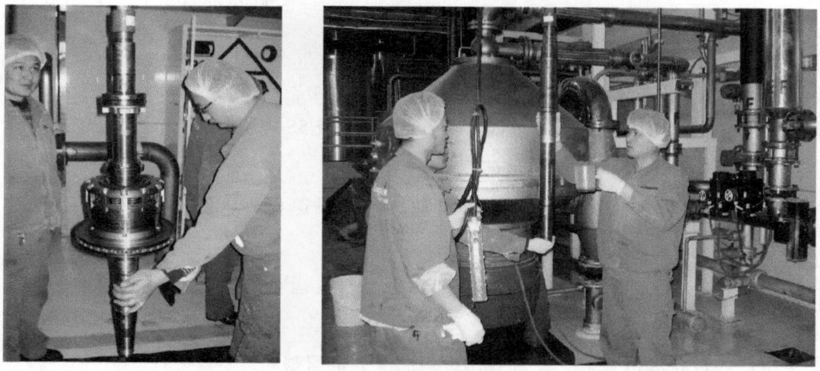

图 1-55　进口分离机大修

维修人员对检修后的设备按检修质量标准和技术要求，采取自检、互检及专业检查相结合的办法严格进行设备验收。计划检修结束后，维修人员必须在第一时间填写检修记录，设备验收合格后维修人员及设备主管在维修记录上签字，通知工艺人员投入使用。

A 类设备的检修须由维修主管组织实施，包括关键部位保养、维修、验收及调试等。

（2）设备的故障维修

故障维修一般用于应对突发性的设备故障，又称应急性维修。它主要以在最短的时间内恢复设备运行为目的，尽可能减少设备故障对生产造成的损失。

故障维修的处理原则是及时发现、及时处理，包括在设备巡检中发现的设备微缺陷、状态异常、部件损坏等情况。图 1-56 所示为维修人员维修化验室电炉。

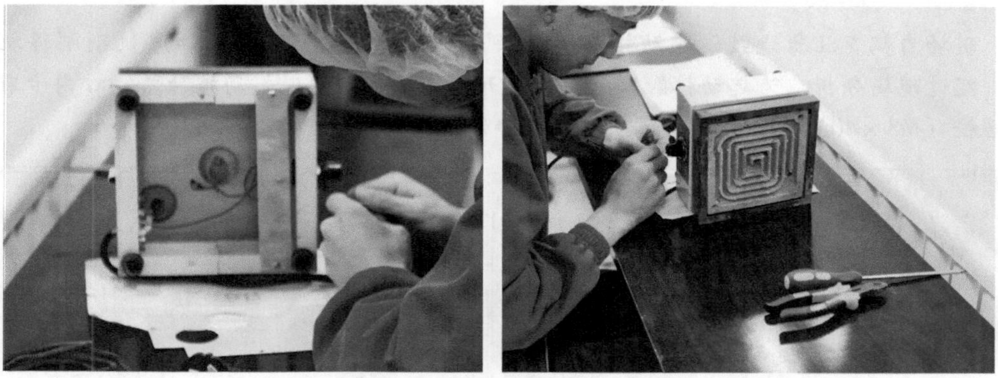

图 1-56　维修化验室电炉

任务评价

请填写自动化生产线生产现场管理和维护的学习评价表（表 1-4）。

表 1-4 自动化生产线生产现场管理和维护的学习评价表

评价时间：　　年　　月　　日

序号	工作内容	评价要点	配分	学生自评	学生互评	教师评分
1	自动化生产线生产现场 5S 管理	能说出现场管理定义及 5S 现场管理内容	25			
2	自动化生产线巡回检查	能说出自动化生产线巡检要求和内容	25			
3	自动化生产线运行交接班	能说出自动化生产线运行交接班要求	25			
4	自动化生产线设备润滑保养和维修	能说出设备润滑五定原则和设备维修分类方法	25			
合计			100			

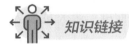

知识链接

自动化生产线设备事故案例分析

一、风机控制柜起火事故分析

1. 事故描述

2007 年 2 月 14 日 16 时左右，一部 05-K-08 风机控制柜故障，自耦变压器起火燃烧，因发现及时火被及时扑灭，除 8#风机控制柜烧坏外，未影响生产节奏。估计实际损失大约 5000 元。

2. 事故现场的现象

现场自耦变压器烧毁，起动接触器触头未脱开。而实际当时 08#风机刚刚停机不久。经过现场分析应为起动接触器触头未脱开，仔细检查发现起动接触器铁心内卡有一根螺栓（M8 ×40），图 1-57 为风机控制柜事故现场。

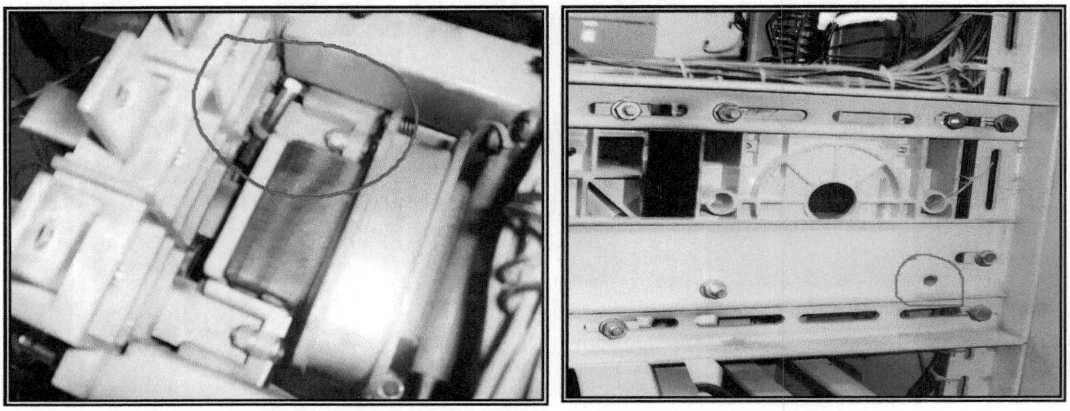

图 1-57 风机控制柜事故现场

3. 事故原因分析

该风机控制柜于2007年2月11日凌晨2时左右，机电维修班（马某某、陈某某）更换起动接触器，可能更换接触器时不慎将螺栓掉入接触器，经2天的使用后于2月14日再次起动时卡住了铁心。当风机使用完毕后风机自动停止，但起动接触器因卡住无法脱开，导致风机电动机和起动接触器、自耦变压器带电继续运行。最终自耦变压器过热起火烧毁。

同时根据电路分析，该型风机控制柜电路设计也存在不完善的地方。主接触器与起动接触器之间没有联锁。在起动接触器卡住的情况下，主接触器仍能够动作，导致PLC系统不能识别报警。

4. 责任划分和处理意见

根据以上分析，造成该设备事故的主要原因是马某某、陈某某维修后遗留螺栓所致，给予考核扣掉200元的处罚，黄某、马某负有管理责任，给予考核扣掉100元的处罚。

5. 整改措施

计划安排维修人员开事故现场会议，规范相关维修方法；风机控制柜逐台整改，完善联锁保护装置；风机控制柜现场加装监控设施、报警装置，提高事故反应速度；加强巡检管理，防患于未然。

二、风机轴承烧坏事故分析

1. 事故描述

2013年4月27日，维修人员将维修过的风机安装至老线13-K-01A处，当时试开机时风机运行良好，便通知老线发酵人员可以正常使用。风机运行到4月30日早上，维修人员上班时接到领导电话说，老线13-K-01A风机盘不动车。维修人员检查风机间隙，拆去风机进风过滤器后发现风机有明显的打叶轮及擦墙壁现象，随后将风机拆下检查。当维修人员将风机的前油箱拆开时，发现从动叶轮前轴承由于从动叶轮前端甩油盘未安装而使从动叶轮前轴承因缺油完全烧坏，图1-58所示为风机轴承烧坏情况。

a) 发生黏连的轴承位置　　b) 被烧坏的轴承　　c) 被磨碎的轴承保持架

图1-58　风机轴承烧坏情况

2. 事故危害情况

此次事故对生产造成极大的影响，致使设备的使用寿命降低，造成风机的从动叶轮前轴承和轴承位置发生黏连。风机间隙变动，造成风机打叶轮及擦墙壁。图 1-59 所示为打叶轮位置，图 1-60 所示为未安装甩油盘位置。

图 1-59　打叶轮位置

图 1-60　未安装甩油盘位置

3. 事故原因分析

对设备的维修未做到全面的考虑，忽略了设备的零部件在安装位置的作用。对设备的维修技术经验不足是导致此次事故的一个重要原因，过分相信厂家的维修质量，对风机的叶轮未做分析就直接安装，是导致此次事故的另一个重要原因。运行班组人员在巡检过程中未能及时发现风机在运行过程中的异常，发酵主操作人员未能及时发现风机电流的异常。

4. 处罚措施

罗茨风机主管陈某某负主要责任，考核扣罚 200 元；设备负责人陈某负有管理责任，考核扣罚 100 元；工段长周某某负有管理责任，考核扣罚 50 元；风机小组黄某某负有间接责任，考核扣罚 50 元；运行班长吕某某巡检不到位，考核扣罚 50 元。

自我测试

一、填空题

1. 酵母自动化生产线采用世界发酵工业领域的最新技术成果，以先进的（　　　　　）为支撑，引进德国等欧洲先进的（　　　　　）装备，采用了西门子（　　　　　）系统，实现（　　　　　）。

2. 酵母自动化生产线控制系统采用（　　　　　）控制系统。

3. 酵母自动化生产线控制系统主要设置中控室由（　　　　　）、（　　　　　）和记录站等组成，生产线主要工作由操作员起动（　　　　　）自动控制完成。

4. 酵母自动化生产线控制系统中操作员负责监视生产线的（　　　　　），如有异常情况通过对讲机及时通知机电维修人员。

5. 酵母自动化生产线控制系统中工程师站负责（　　　　　）及自控系统重要参数的（　　　　　）。

6. PCS 自动控制系统可通过计算机屏幕显示器界面显示和控制自动化生产线生产（　　　　　）。

7. 现场管理是一个企业的（　　　　　）、（　　　　　）、（　　　　　）和精神面貌的综合反映。

8. 搞好生产现场管理，有利于企业增强（　　　　　）竞争力，消除（　　　　　）和（　　　　　）状况。

9. “5S”基本内容包括（　　　　　）、（　　　　　）、（　　　　　）、（　　　　　）和（　　　　　）。

10. 要求严格（　　　　　），提高设备人员（　　　　　），强调设备巡检质量。

11. 设备巡检时，必须带好相关（　　　　　），不得（　　　　　）。

12. 设备的工作状况突然出现（　　　　　）现象，这是最常见的（　　　　　）症状。

13. 设备过热现象可以在巡检时通过（　　　　　）反映出来。

14. 交接班人员要提前做好（　　　　　），提前 10 分钟上岗将（　　　　　）和（　　　　　）认真记入运行记录和交接班记录中。

15. 对交接班人员发现的（　　　　　）要及时进行整改。

16. 贯彻实施润滑的定（　　　　　）、定（　　　　　）、定（　　　　　）、定（　　　　　）和定（　　　　　）五定原则。

17. 正确与合理润滑是保证设备（　　　　　），减少（　　　　　），延长（　　　　　），提高设备的生产效率的一项有效措施。

二、判断题

1. 酵母主要生产流程包括原糖蜜接收、糖蜜处理、酵母发酵和酵母分离等。（　　）
2. 企业要求节能降耗，主要与领导有关。（　　）
3. 酵母自动化生产线采用世界发酵工业领域的最新技术成果。（　　）
4. PCS 自动控制系统中界面上红色为超限报警或电动机跳闸状态。（　　）
5. 酵母自动化生产线控制系统的网络视频监控器对车间生产现场进行监控。（　　）
6. 整顿是区分要用和不用的东西，将不用的东西清理掉。（　　）
7. 整理是将要用的东西依规定定位、定量地摆放整齐，明确地标示。（　　）
8. 维修过程中需排放的设备内的润滑油可直接排放至地漏中。（　　）
9. 素养是指人人依规定行事，养成好习惯。（　　）
10. 车间内严禁饮食、吸烟和随地吐痰。（　　）
11. 设备在运转过程中出现的非正常声响，是设备故障的“报警器”。（　　）
12. 所有从业人员必须严格按照设备的规程进行作业。（　　）
13. 故障维修的处理原则是及时发现、及时处理。（　　）
14. 在交接班前发现的问题由交班方负责。（　　）
15. 交接班后，双方未签字或问题未处理完不能离岗。（　　）
16. 交班完毕后，对发现的大小问题，一律归接班人员负责。（　　）

三、简答题

1. 试述酵母自动化生产线生产企业生产部门的组织管理机构。
2. 试画出酵母生产组织流程图。
3. 什么是现场管理?
4. 自动化生产线巡检内容有哪些?
5. 交接班的内容有哪些?

模块二

YL-335B型自动化生产线的运行与调试

YL-335B 型自动化生产线是全国职业院校技能大赛“自动化生产线安装与调试”赛项的指定竞赛设备，由供料单元、加工单元、装配单元、输送单元和分拣单元共 5 个单元组成。它综合应用了多种技术，如电工电子技术、气动控制技术、机械技术、传感器应用技术、PLC 控制和组网技术、变频技术、伺服电动机驱动技术、触摸屏组态编程等，模拟了一个与实际生产情况十分接近的控制过程。

项目一

供料单元的运行与调试

学习目标

1. 了解供料单元的功能。
2. 认识供料单元的各个组成部分。
3. 了解供料单元的工作过程。
4. 会检查供料单元的电气和气动线路的故障。
5. 能将供料单元的各传感器调整至正常状态。
6. 能解决供料单元在运行过程中出现的常见问题。

项目简介

供料单元是模拟化生产加工系统中的起始单元，相当于实际生产线中的自动化上料单元，在系统中起着向其他单元提供原料的作用。YL-335B 型自动化生产线实训考核装备中的供料单元模拟了实际生产中提供待加工工件的工作部分。

任务一　认识供料单元

任务目标

1. 能说出供料单元的功能。
2. 能指出供料单元的各个组成部分。
3. 能叙述供料单元的工作过程。

任务描述

供料单元是 YL-335B 型自动化生产实训考核装备中的起始单元，在整个系统中，起着向系统中的其他单元提供原料的作用。通过本任务的学习，旨在让学习者对供料单元的功能、主要结构以及工作过程有初步的认识。

任务实施

一　供料单元的功能

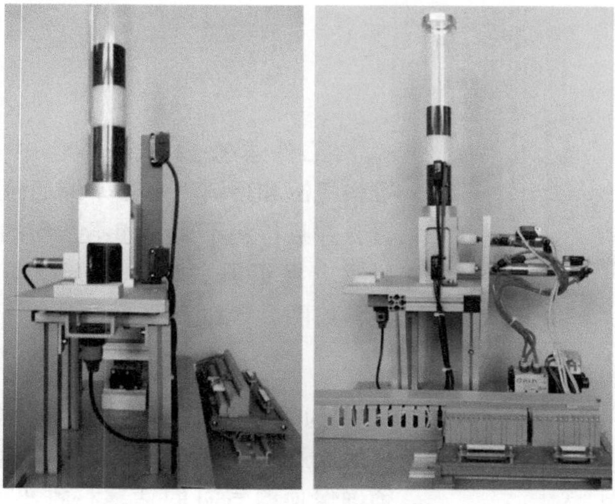

图 2-1　供料单元装置图

如图 2-1 所示，供料单元的功能有：按照需要将放置在料仓中待加工工件（原料）自动地推出到物料台上，以便输送单元的机械手抓取，并输送到其他单元。

二 供料单元的主要结构

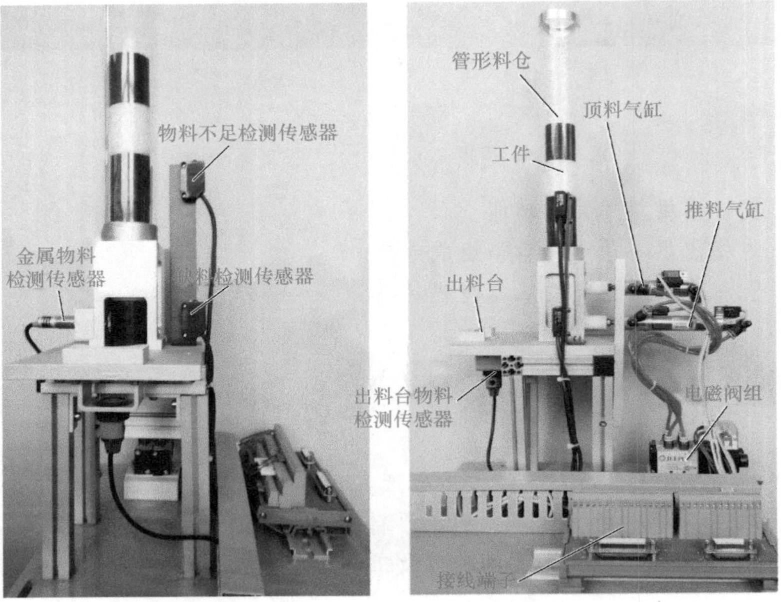

图 2-2　供料单元的主要结构

如图 2-2 所示，供料单元的主要结构组成包括管形料仓、顶料气缸、推料气缸、出料台、电磁阀组，以及出料台物料检测传感器、金属物料检测传感器、物料不足检测传感器、缺料检测传感器等。

三 供料单元各部件的工作原理

（一）工件推出装置

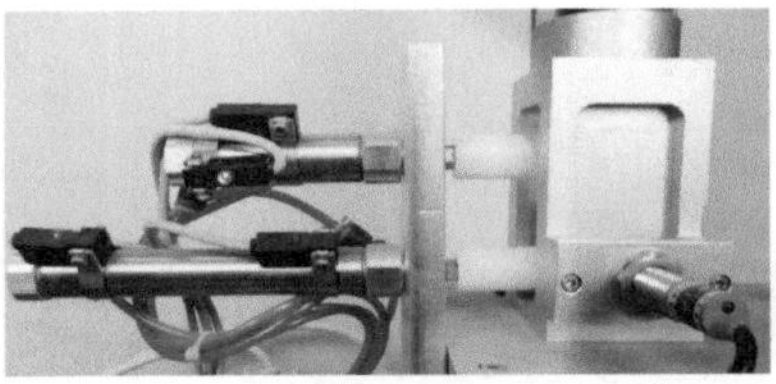

a) 工件推出动作(一)

工件垂直叠放在料仓中，推料气缸和顶料气缸处于缩回位置，并且检测不顶料和不推料的磁感应接近开关动作，LED 灯亮，如图 2-3a 所示。

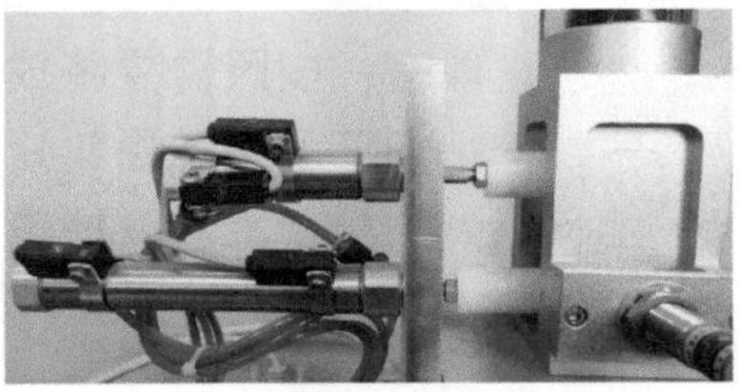

b) 工件推出动作(二)

图 2-3　工件推出装置工作原理

为确保最底层的工件被推出时次层工件不掉落，推料前必须确保顶料气缸的活塞杆推出，检测顶料接近开关的动作，LED 灯亮，则顶住上层的工件，完成顶料的动作，如图 2-3b 所示。

c) 工件推出动作(三)

顶料完成后，推料气缸活塞杆推出，检测推料的磁感应接近开关动作，LED 灯亮，将最底层的工件推至出料台，完成推料动作，如图 2-3c 所示。

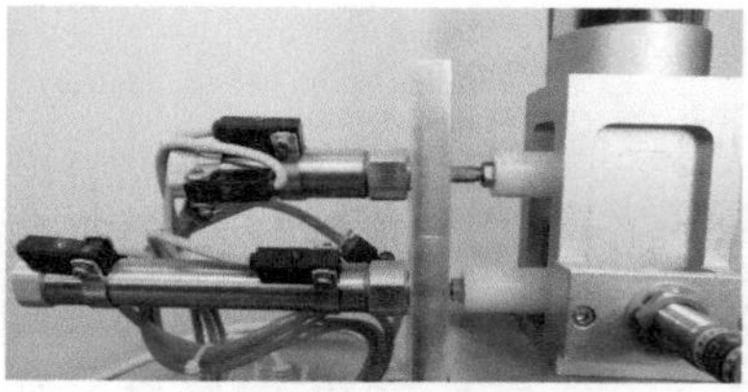

d) 工件推出动作(四)

工件推至出料台后，推料气缸的活塞杆先缩回，不推料接近开关 LED 灯亮，便于工件下移，如图 2-3d 所示。

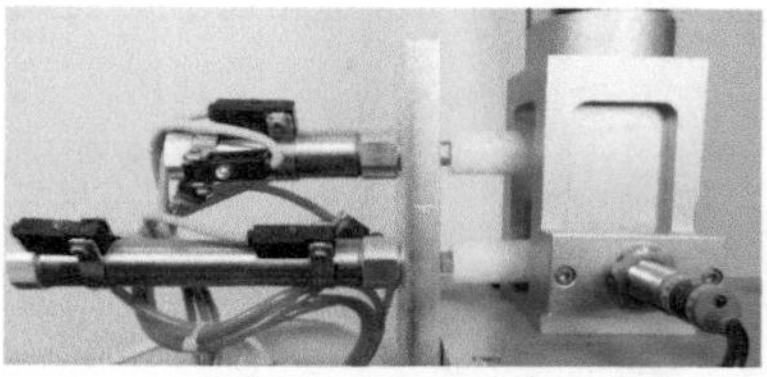

e) 工件推出动作(五)

图 2-3　工件推出装置工作原理（续）

待推料气缸的活塞杆缩回后，顶料气缸活塞杆才能缩回，不顶料接近开关 LED 灯亮，料仓中的工件在重力的作用下，自动向下移动一个工件，为下一次推出工件做准备，如图 2-3e 所示。

（二）工件装料装置

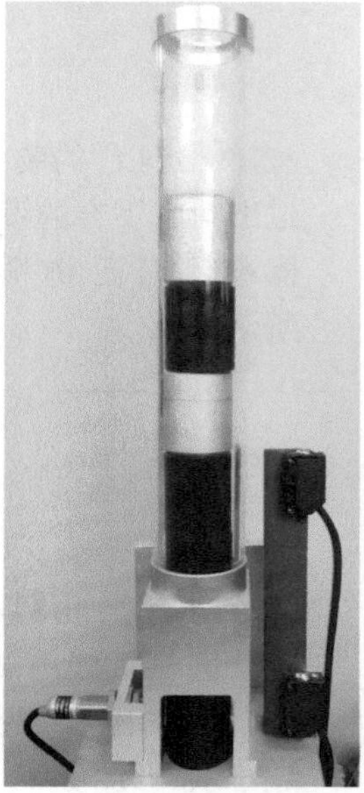

a) 工件装料装置

图 2-4　工件装料装置工作原理

工件装料装置具有自动检测物料是否充足、是否缺料的功能，起关键作用的是管形料仓旁的两个传感器。上面为物料不足检测传感器，底部为缺料检测传感器，如图 2-4a 所示。

b) 漫射式光电传感器

图 2-4　工件装料装置工作原理（续）

在供料单元中，用来检测物料不足或缺料的传感器采用漫射式光电传感器，如图 2-4b 所示。

（三）出料台物料检测装置

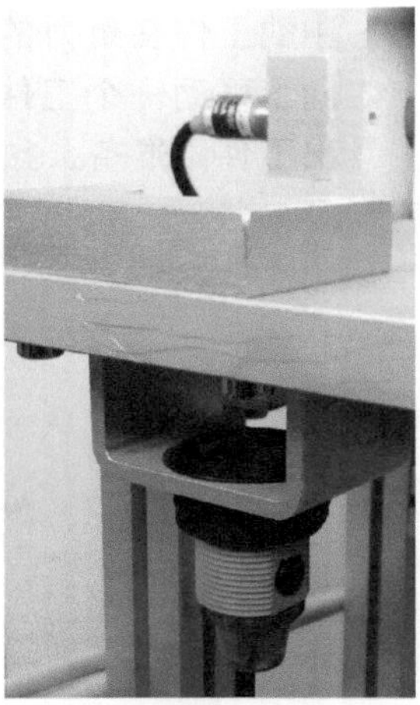

a) 出料台物料检测装置

出料台的物料检测装置通过出料台下方的漫射式光电传感器检测有无物料，如图 2-5a 所示。

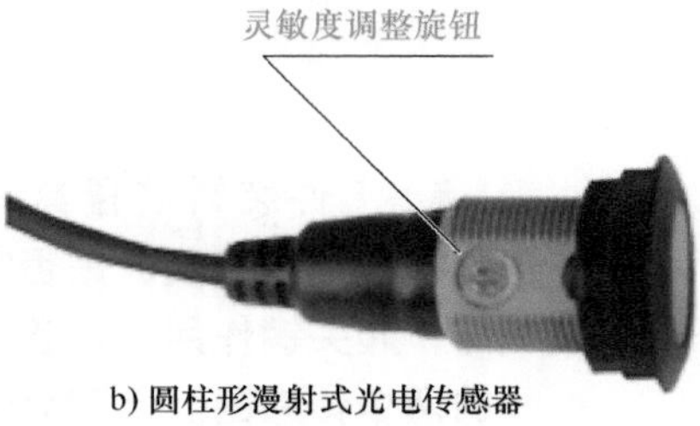

b) 圆柱形漫射式光电传感器

图 2-5　出料台物料检测装置工作原理

出料台物料检测传感器是一个圆柱形漫射式光电传感器，工作时向上发出光线，从而透过小孔检测是否有工件存在，如图 2-5b 所示。

（四）金属物料检测装置

图 2-6　金属物料检测装置工作原理

金属物料检测装置通过料仓最底部安装的磁感应传感器检测料仓最底部的物料是否为金属物料，如图 2-6 所示。

任务评价

请填写认识供料单元学习评价表（表 2-1）。

表 2-1　认识供料单元学习评价表

评价时间：　　年　　月　　日

序号	工作内容	评价要点	配分	学生自评	学生互评	教师评分
1	供料单元的功能	能说出供料单元的功能	10			
2	供料单元的主要结构	能说出供料单元的主要结构	10			
3	工件推出装置	能说出工件推出装置的功能、组成元件名称及作用	20			
4	工件装料装置	能说出工件装料装置的功能、组成元件名称及作用	20			
5	出料台物料检测装置	能说出出料台物料检测装置的功能、组成元件名称及作用	20			
6	金属物料检测装置	能说出金属物料检测装置的功能、组成元件名称及作用	20			
合计			100			

任务二　运行调试供料单元

任务目标

1. 会检查供料单元的电气和气动控制回路的故障。
2. 能将供料单元的各传感器调整至正常状态。
3. 能解决供料单元在运行过程中出现的常见问题。
4. 能使供料单元正常运行。

任务描述

本任务只考虑供料单元作为独立设备时的运行与调试，通过本任务的学习，使学生能够了解供料单元运行的动作流程，并能在 YL-335B 型自动化生产线上完成供料单元的正常运行。

任务实施

一 运行前就绪调试

（一）调试供料单元的气动控制回路

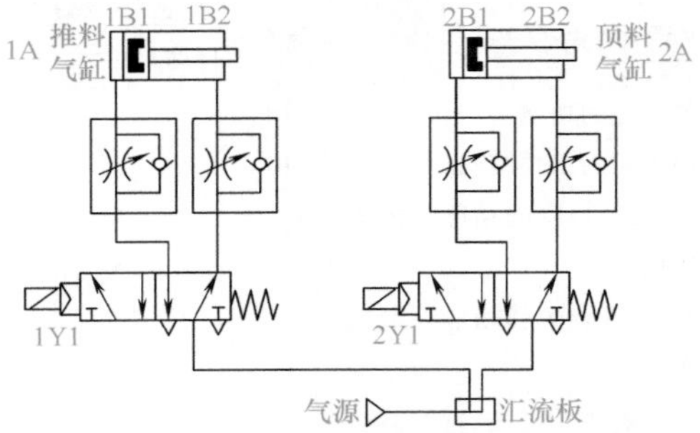

a) 供料单元气动控制回路图

如图 2-7a 所示，1B1 和 1B2、2B1 和 2B2 分别为安装在推料气缸、顶料气缸的两个极限工作位置的磁感应接近开关。1Y1 和 2Y1 分别为控制推料气缸和顶料气缸的电磁阀的电磁控制端。

按照自动化生产线气动回路图检查气路连接是否正确。

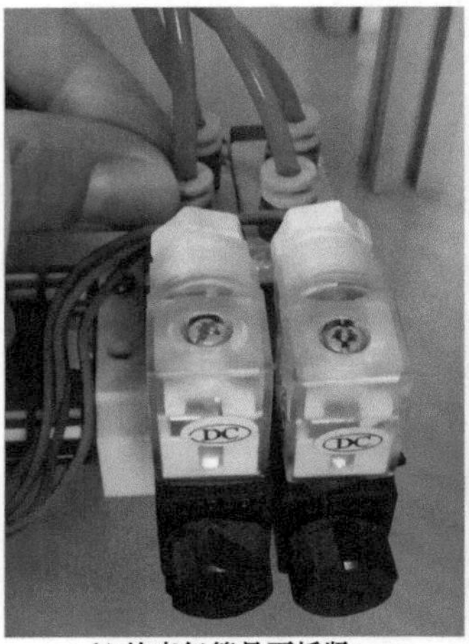
b) 检查气管是否插紧

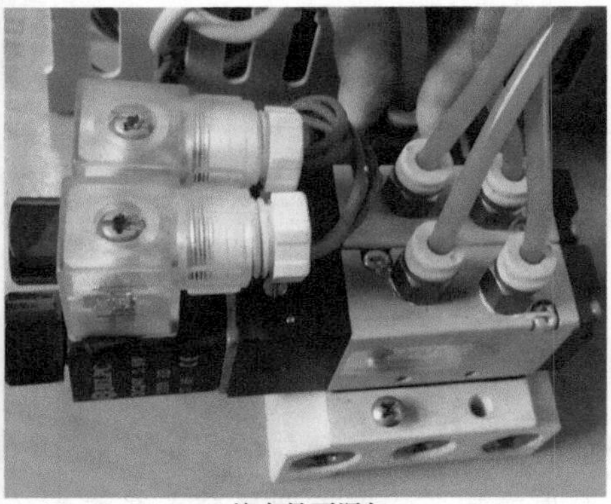
c) 检查是否漏气

图 2-7 供料单元的气动控制回路调试

检查气管是否与快速接头插紧，有无漏气现象，如图 2-7b、c 所示。

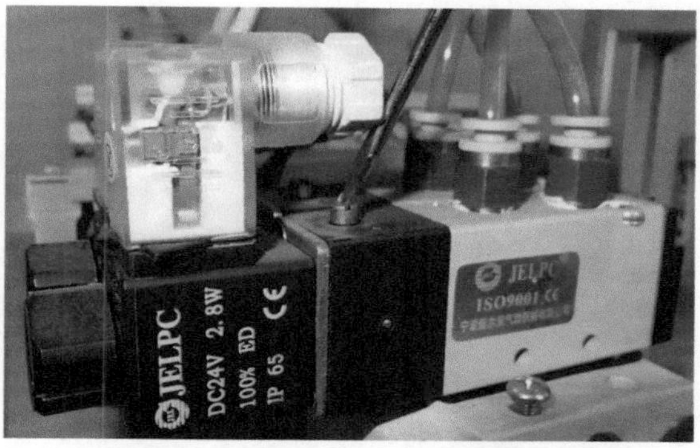

d) 验证顶料气缸和推料气缸的初始位置和动作位置

⊖ 用电磁阀上的手动换向加锁钮验证顶料气缸和推料气缸的初始位置和动作位置是否正确。验证方法：用一字螺钉旋具压下手动换向加锁钮，观察气缸动作，如图 2-7d 所示。

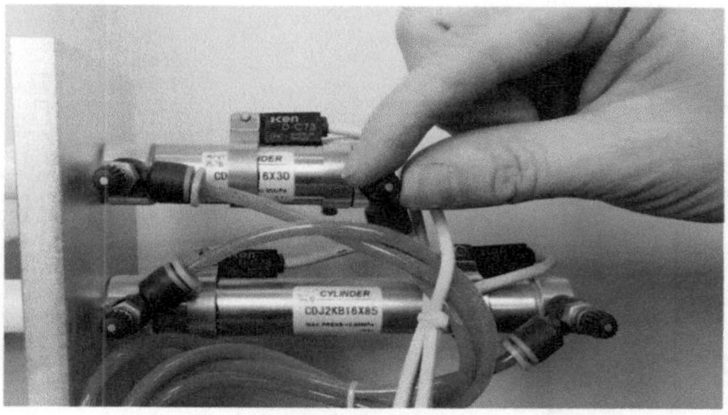

e) 调节气缸节流阀

⊖ 如图 2-7e 所示，调节气缸节流阀，以控制活塞杆的往复运动速度，伸出速度以不推倒工件为准。如果气缸动作相反，将气缸两端进气管位置颠倒即可。

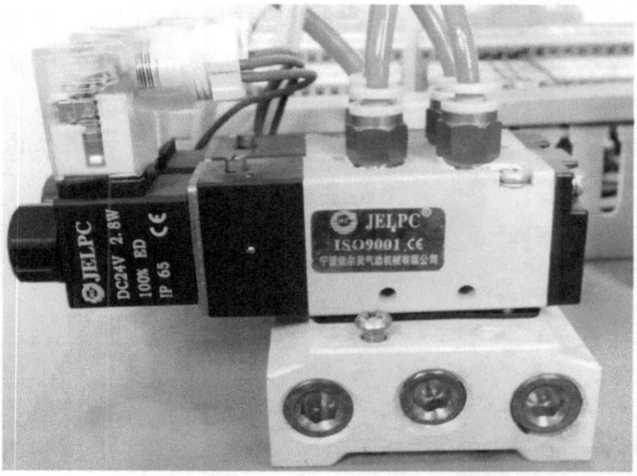

f) 检查电磁阀组与气体汇流板的连接

图 2-7 供料单元的气动控制回路调试（续）

⊖ 检查电磁阀组与气体汇流板的连接是否密封良好，确保无泄漏，如图 2-7f 所示。

（二）调试供料单元的电气控制回路

输入信号		
PLC 输出点	信号名称	信号来源
X0	顶料气缸伸出到位	装置侧
X1	顶料气缸缩回到位	
X2	推料气缸伸出到位	
X3	推料气缸缩回到位	
X4	出料台物料检测	
X5	供料不足检测	
X6	缸料检测	
X7	金属物料检测	
X12	停止按钮	按钮/指示灯模块
X13	起动按钮	
X14	急停按钮	
X15	单站/全线	
输出信号		
PLC 输出点	信号名称	信号来源
Y0	顶料电磁阀	装置侧
Y1	推料电磁阀	
Y7	正常工作指示	按钮/指示灯模块
Y10	运行指示	

a）供料单元 PLC 的 I/O 分配表

如图 2-8a 所示，按照供料单元 PLC 的 I/O 分配表检查接线是否正确。

b) 供料单元装置侧与PLC侧I/O端口连接

如图 2-8b 所示，供料单元装置侧的接线端口和 PLC 侧的接线端口之间通过专用电缆连接。其中 25 针接头电缆连接 PLC 的输入信号，15 针接头电缆连接 PLC 的输出信号。

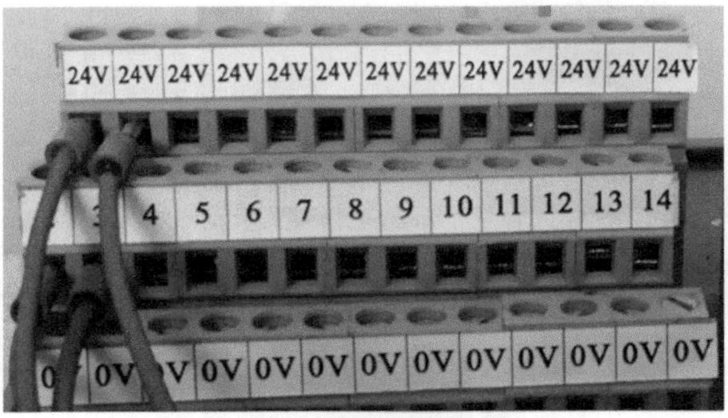

c) 检查24V和0V端口的连接

图 2-8　供料单元电气控制回路的调试

注意：供料单元装置侧接线端口中，输入信号端子的上层端子（+24V）只能作为传感器的正电源端，切勿用于电磁阀等执行元件的负载。电磁阀等执行元件的正电源端和 0V 端应连接到输出信号端子下层的相应端子上。

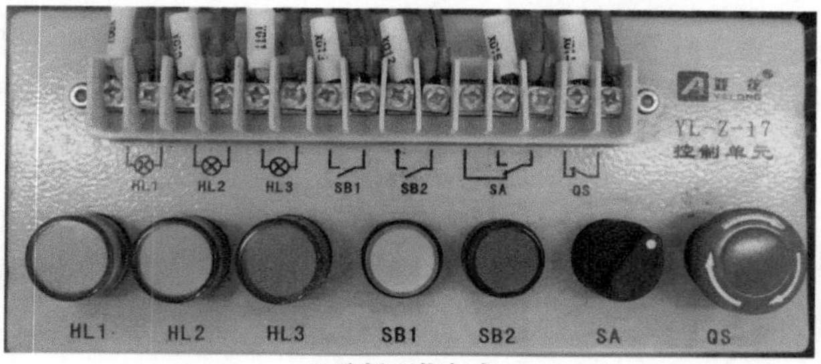

d) 选择工作方式

图 2-8　供料单元电气控制回路的调试（续）

在按钮/指示灯模块上将开关 SA 旋转到右侧，进入“单站方式”，如图 2-8d 所示。

（三）检查调试各传感器

1. 检查顶料气缸和推料气缸

（1）检查顶料和推料气缸的磁性开关安装位置

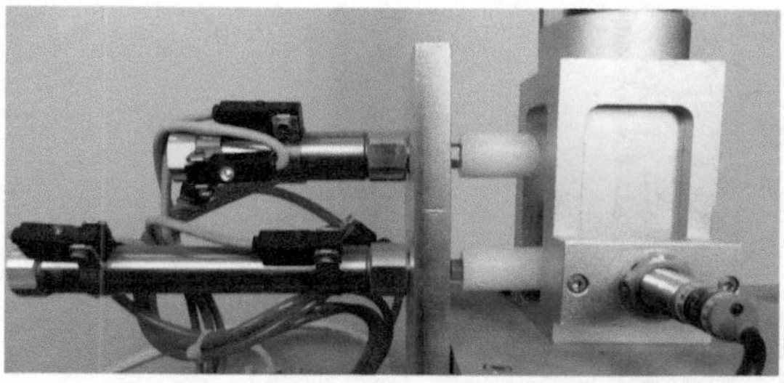

a) 调节顶料气缸和推料气缸的缩回磁性开关的位置

顶料气缸和推料气缸都处于缩回位置时，调整各自的缩回磁性开关，直到缩回磁性开关的 LED 灯亮，此时为缩回磁性开关安装的合适位置，用螺钉旋具旋紧固定螺钉即可，如图 2-9a 所示。

b) 调节顶料气缸和推料气缸的伸出磁性开关的位置

图 2-9　顶料和推料气缸的磁性开关安装位置检查

顶料气缸和推料气缸都处于伸出位置时，调整各自的伸出磁性开关，直到伸出磁性开关的 LED 灯亮，此时为伸出磁性开关安装的合适位置，用螺钉旋具旋紧固定螺钉即可，如图 2-9b 所示。

（2）调节顶料气缸和推料气缸的动作速度

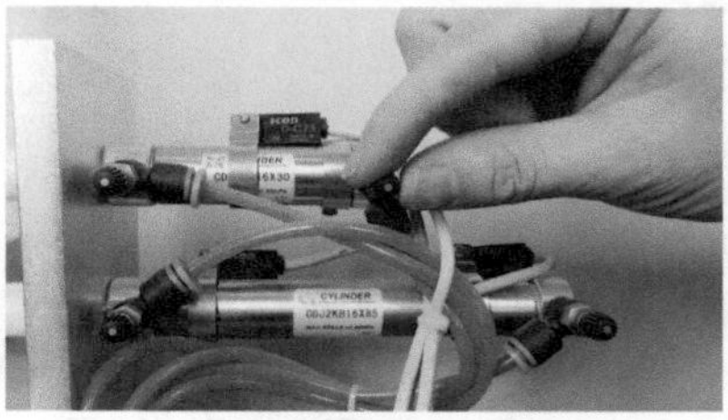

图 2-10　调节顶料和推料气缸的动作速度

通过调节顶料气缸和推料气缸的节流阀来调整气缸的伸出和缩回速度，如图 2-10 所示。

2. 检查物料不足检测传感器和缺料检测传感器

（1）检查物料不足检测传感器和缺料检测传感器的安装位置

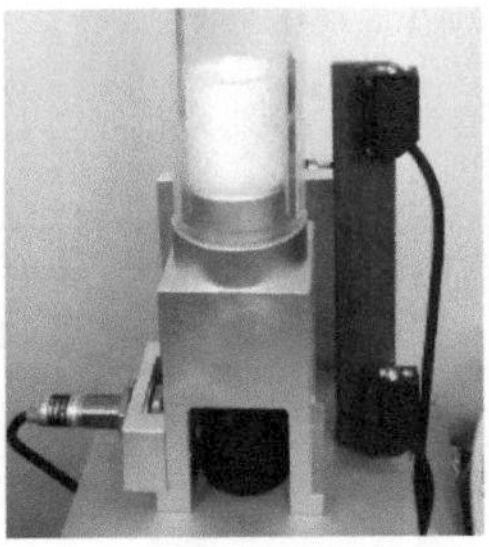

图 2-11 物料不足检测传感器和缺料检测传感器的安装位置

在第 4 个工件的位置上固定好物料不足检测传感器，在料仓的底部固定好缺料检测传感器，如图 2-11 所示。

（2）调节物料不足检测传感器和缺料检测传感器的灵敏度

a) 将动作选择开关旋转至L侧

调节动作选择开关，将其充分旋转至 L 侧，传感器进入检测-ON 模式，如图 2-12a 所示。

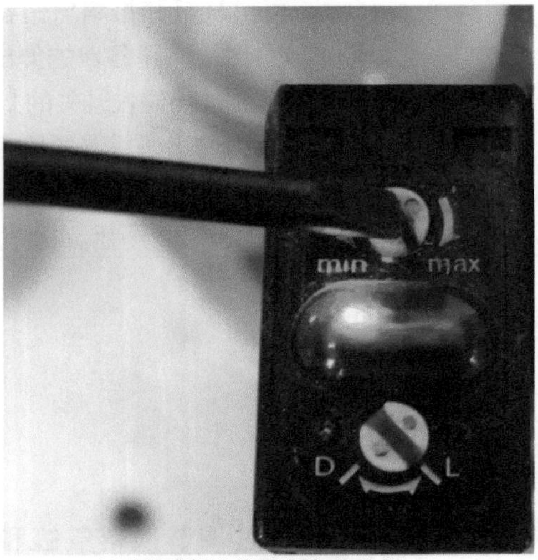

b) 将距离设定旋钮旋转至min侧

图 2-12 物料不足检测传感器和缺料检测传感器的灵敏度调节

调节距离设定旋钮，将其充分旋转至最小检测距离 min 侧，如图 2-12b 所示。

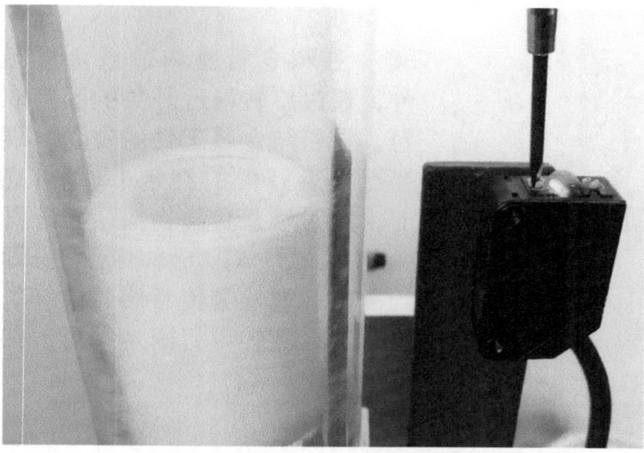

c) 设定物料不足检测传感器的检测状态

⊖ 在管形料仓中放入充足的工件，向最大检测距离 max 侧逐步旋转距离设定旋钮，找到传感器刚好为橙色 LED 灯亮的检测状态，如图 2-12c 所示。

d) 设定物料不足检测传感器的非检测状态

⊖ 撤去管形料仓中的工件，使其处于物料不足状态，继续往最大检测距离 max 侧旋转距离设定旋钮，找到传感器刚好为橙色 LED 灯灭的非检测状态，如图 2-12d 所示。

e) 确定稳定检测物料的最佳位置

图 2-12　物料不足检测传感器和缺料检测传感器的灵敏度调节（续）

⊖ 检测状态和非检测状态两点的中间位置为稳定检测物料的最佳位置，如图 2-12e 所示。

3. 检查金属物料检测传感器的安装位置

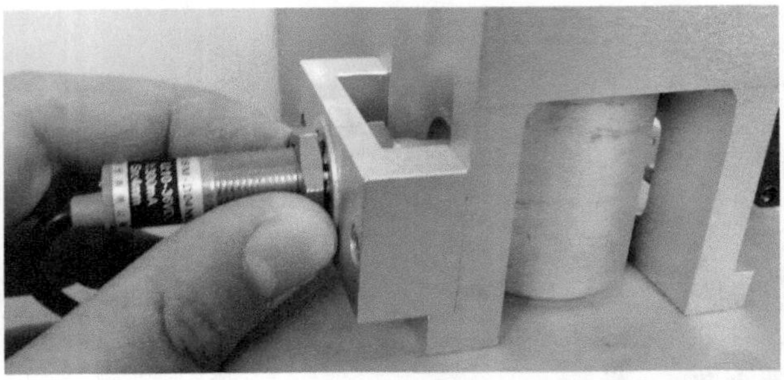

图 2-13 金属物料检测传感器的安装位置的检查

在料仓管座内放置金属工件，通过旋转接近开关的固定螺钉，调整与金属工件的位置，调整至接近开关的红色 LED 灯亮时，此时移开金属物料，接近开关红色 LED 灯熄灭，此位置即为固定金属检测传感器的最佳位置，通过旋转螺钉固定即可，如图 2-13 所示。

4. 检查出料台物料检测传感器

（1）检查出料台物料检测传感器的安装位置

图 2-14 出料台物料检测传感器安装位置的检查

如图 2-14 所示，出料台物料检测传感器安装于出料台的下方，将螺钉拧紧固定即可。

（2）调节出料台物料检测传感器灵敏度

a) 调节出料台物料检测传感器的橙色LED灯亮

图 2-15 出料台物料检测传感器灵敏度调节

如图 2-15a 所示，在出料台上放置工件，此时调节出料台物料检测传感器的灵敏度调节旋钮，恰好使橙色 LED 灯亮。

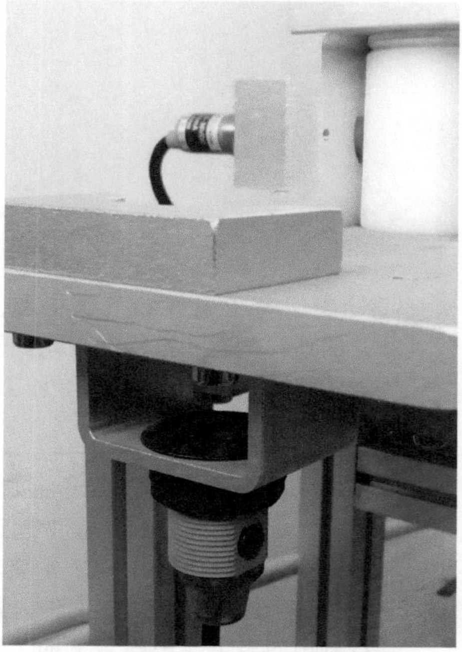

b) 调节出料台物料检测传感器的橙色LED灯灭

图 2-15　出料台物料检测传感器灵敏度调节（续）

➡ 撤去出料台上的工件，继续向同一方向调节出料台物料检测传感器的灵敏度调节旋钮，恰好使橙色 LED 灯灭，前后两次的中间位置即为最佳位置，如图 2-15b所示。

二　起动、停止运行调试

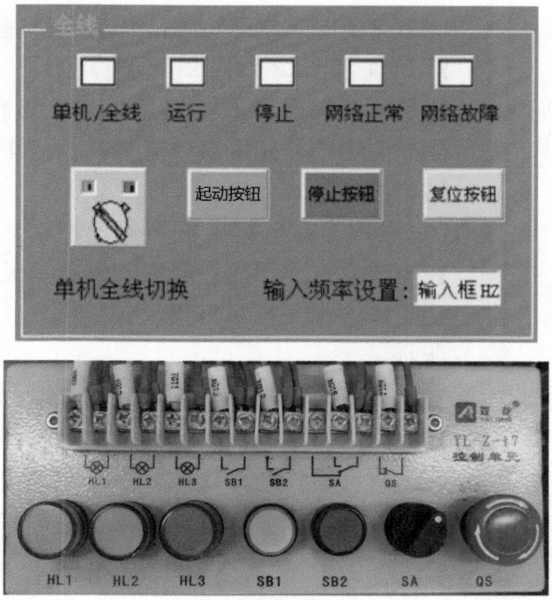

a) 设置工作方式

图 2-16　供料单元工作运行调试

➡ 将触摸屏上“单机全线切换”开关旋转到单机模式，单机/全线指示灯不亮。在按钮/指示灯模块上将选择开关 SA 旋转到右侧，置于“单站方式”位置，系统进入单站工作模式，如图 2-16a所示。

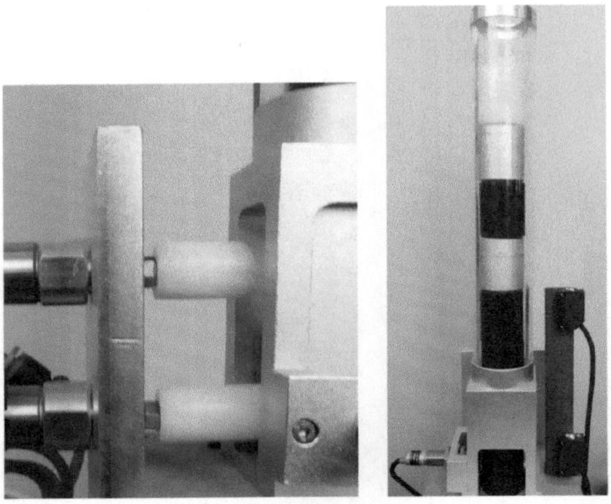

b) 设备开机准备

将设备上电并和气源接通，供料单元的顶料气缸和推料气缸均处于缩回位置，且料仓内有足够的待加工工件，如图 2-16b 所示。

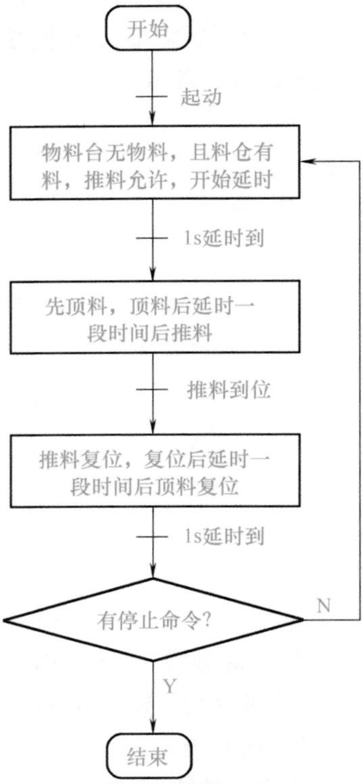

c) 供料单元供料流程

图 2-16　供料单元工作运行调试

供料单元的供料流程介绍如下。

1）设备准备好后，按下起动按钮 SB1，设备运行指示灯 HL2 常亮。

2）若出料台上没有工件，则把工件推到出料台上。出料台上的工件被人工取走后，若没有停止信号，则进行下一次推出工件操作。

3）在运行过程中料仓内工件不足，则供料单元继续工作，但提前预报警指示灯 HL1 以 1Hz 频率闪烁，指示灯 HL2 常亮；若料仓内没有工件，则指示灯 HL1 和 HL2 均以 2Hz 频率闪烁，供料单元在完成本周期任务后停止工作。除非向料仓补充足够的工件，否则工作站不再起动。

4）若在运行中按下停止按钮，则在完成本工作周期任务后，供料单元停止工作，HL2 指示灯熄灭，如图 2-16c 所示。

在运行过程中，应该在现场时刻观察设备运行情况，一旦发生执行机构相互冲突的事件，应该及时采取措施，如急停、切断执行机构控制信号、切断气源和总电源等，避免造成设备损毁。

根据供料单元运行调试记录表（表 2-2）中的操作步骤，记录各项目的现象。

表 2-2　供料单元运行调试记录表

操作步骤＼观察项目		指示灯 HL1 显示情况（填“亮”“灭”“1Hz 频率闪烁”“2Hz 频率闪烁”）	指示灯 HL2 显示情况（填“亮”“灭”“1Hz 频率闪烁”“2Hz 频率闪烁”）	供料单元运行情况（填“运行”“停止”“完成周期任务后停止”）	顶料气缸和推料气缸的伸缩顺序（填“顶料伸出”“顶料缩回”“推料伸出”“推料缩回”）
料仓放入多于4个工件	先按下起动按钮				
	再按下停止按钮				
	后按下起动按钮				
料仓放入少于4个工件	先按下起动按钮				
	再按下停止按钮				
	后按下起动按钮				
料仓中没有工件	先按下起动按钮				
	再按下停止按钮				
	后按下起动按钮				

任务评价

请填写运行调试供料单元的学习评价表（表 2-3）。

表 2-3　运行调试供料单元的学习评价表

评价时间：　　年　　月　　日

序号	工作内容	评价要点	配分	学生自评	学生互评	教师评分
1	顶料气缸和推料气缸	能判断顶料气缸和推料气缸是否准备就绪，并且能调至就绪状态	10			
2	物料不足检测传感器及缺料检测传感器	能判断物料不足检测传感器及缺料检测传感器工作是否正常，会调节这两个传感器的灵敏度	10			
3	金属物料检测传感器	能判断金属物料检测传感器工作是否正常，会调整金属物料检测传感器	5			
4	出料台物料检测传感器	能判断出料台物料检测传感器工作是否正常，会调整出料台物料检测传感器	5			
5	I/O 接线	能根据 I/O 接线图检查 PLC 的 I/O 接线是否正确	5			
6	单站方式	能将供料单元设置成单站运行方式	5			
7	供料充足运行调试	满足控制要求	20			
8	供料不足运行调试	满足控制要求	20			
9	缺料运行调试	满足控制要求	20			
合计			100			

知识链接

1. 磁性开关

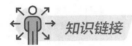

YL-335B 型自动化生产线使用的气缸都是带磁性开关的气缸，如图 2-17 所示。当气缸中随活塞移动的磁环靠近开关时，舌簧开关的两根簧片被磁化而相互吸引，触点闭合；当磁环移开开关后，簧片失磁，触点断开。触点闭合或断开时发出电控信号，在 PLC 的自动控制中，可以利用该信号判断推料气缸及顶料气缸的运动状态或所处的位置，以确定工件是否被推出或气缸是否返回。

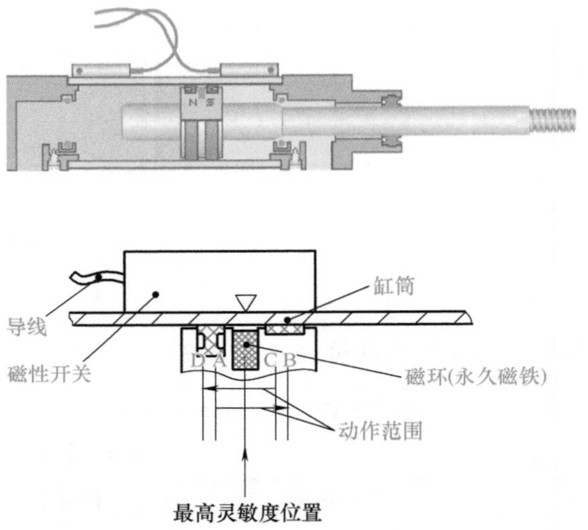

图 2-17　带磁性开关的气缸的工作原理图

在磁性开关上设置的 LED 灯用于显示其信号状态，供调试时使用。磁性开关动作时，输出信号“1”，LED 灯亮；磁性开关不动作时，输出信号“0”，LED 灯不亮。磁性开关的安装位置可以调整，方法是旋松固定它的紧固螺钉，让磁性开关顺着气缸滑动，到达指定位置后，再旋紧紧固螺钉。磁性开关有蓝色和棕色两根引出线，使用时蓝色引出线应连接到 PLC 输入公共端，棕色引出线应连接到 PLC 输入端。

磁性开关的定期维护检查要注意下面两点，以防开关误动作。

1）增拧磁性开关的安装小螺钉。防止磁性开关松动或位置发生偏移；如果已经发生偏移，应重新调整到正确的位置后再紧固小螺钉。

2）检查导线有无损伤。导线损伤会造成绝缘不良或导线断路。如果发现导线破损，应更换开关或修复导线。

2. 电感式接近开关

电感式接近开关是利用电涡流效应制造的传感器。当被测金属物体接近电感线圈时产生了涡流效应，引起振荡器振幅或频率的变化，由传感器的信号调理电路（包括检波、放大、整形和输出等电路）将该变化转换成开关量输出，从而达到检测目的。电感式接近开关的工作原理框图如图 2-18 所示。在供料单元中，为了检测待加工工件是否为金属材料，在供料管底座侧面安装了一个电感式接近开关，如图 2-19 所示。

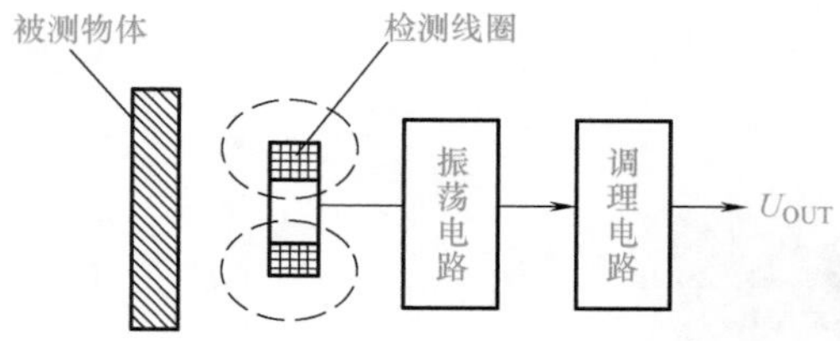

图 2-18 电感式接近开关工作原理框图

图 2-19 供料单元上的电感式接近开关

在电感式接近开关的选用和安装中，必须认真考虑检测距离、设定距离，保证生产线上的电感式接近开关能够可靠动作。安装距离说明如图 2-20 所示。

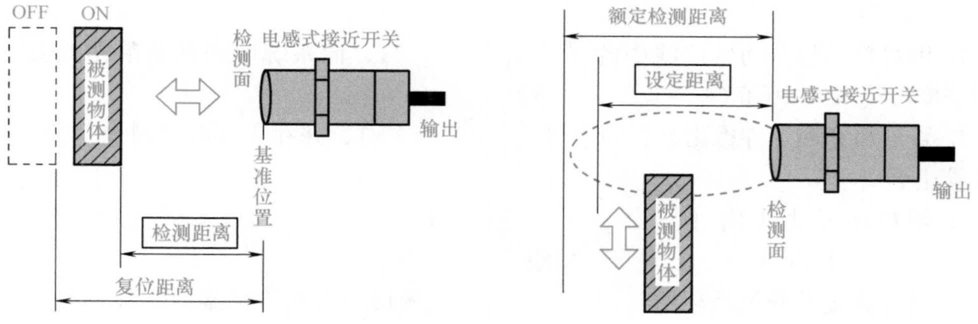

a) 检测距离 b) 设定距离

图 2-20 安装距离说明

3. 漫射式光电接近开关

光电传感器是利用光的各种性质，检测物体的有无或表面状态的变化等的传感器。其中输出形式为开关量的传感器为光电接近开关。漫射式光电接近开关是利用光照射到被测物体上后反射回来的光线而工作的，且物体反射的光线为漫射光，故而得名。在供料单元中，用来检测工件不足或工件有无的漫射式光电接近开关选用欧姆龙公司的 E3Z-L61 放大器内置型光电开关。E3Z-L61 型光电开关的外形和顶端面上的调节旋钮和显示灯如图 2-21 所示。

用来检测物料台上有无物料的光电开关是一个圆柱形漫射式光电接近开关，工作时向上发出光线，从而透过小孔检测是否有工件存在，该光电接近开关选用西克公司的 MHT15-N2317 型光电接近开关，其外形如图 2-22 所示。

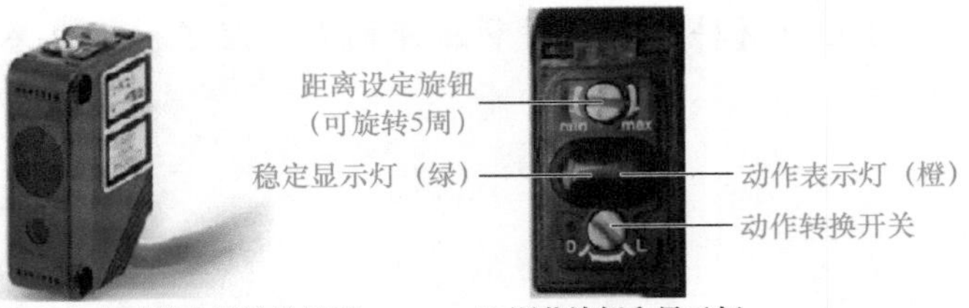

a) E3Z-L61型光电开关的外形　　b) 调节旋钮和显示灯

图 2-21　E3Z-L61 型光电开关的外形及调节旋钮和显示灯

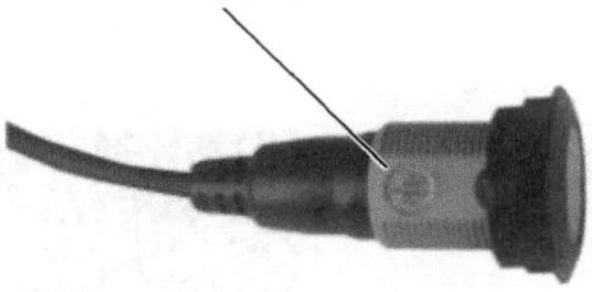

图 2-22　MHT15-N2317 型光电接近开关的外形

自我测试

一、填空题

1. 供料单元是自动生产线中的（　　　　　　），向系统中的其他单元提供原料，相当于实际生产线中的（　　　　　　）。

2. 管形料仓和工件推出装置用于（　　　　　　），并在需要时将料仓中最下层的工件推出到（　　　　　　）上。

3. 供料单元主要由（　　　　　　）、（　　　　　　）、（　　　　　　）、（　　　　　　）和（　　　　　　）组成。

4. 电感式接近开关是利用（　　　　　　）效应制造的传感器。

5. 出料台下面设有一个圆柱形（　　　　　　），用以检测出料台有无工件。

6. 供料单元装置侧接线端口中，输入信号端子的上层端子（+24V）只能作为（　　　　　　）的正电源端，切勿用于电磁阀等执行元件的负载。

7. 磁性开关的安装位置可以调整，方法是（　　　　　　）。

8. 光电传感器是利用光的各种性质检测物体的（　　　　　　）和（　　　　　　）的变化等的传感器。其中输出形式为开关量的传感器为（　　　　　　）。

9. 漫射式光电接近开关是利用光照射到被测物体上后（　　　　　　）而工作的，且物体反射的光线为漫射光，故而得名。

10. 磁性开关有蓝色和棕色两根引出线，使用时（　　　　　　）引出线应连接到 PLC 输入公共端，（　　　　　　）引出线应连接到 PLC 输入端。

二、判断题

1. 推料位置要手动调整推料气缸或者挡料板位置，调整后，再固定螺栓，否则位

置不到位会把工件推偏。(　　)

2. 料仓内若在底层起有 4 个或以上工件，2 个光电开关指示灯都亮，否则调整光电开关位置或者光强度。(　　)

3. 缺料检测传感器一旦检测到缺料，立即驱动推料气缸推料。(　　)

4. 当料仓中检测到物料不足时，供料单元不工作，等待料仓中添满工件才开始工作。(　　)

三、简答题

1. 简述供料单元的功能。
2. 简述磁性开关的工作原理和接线方法。
3. 简述供料单元 PLC 运行调试步骤。

项目二

加工单元的运行与调试

学习目标

1. 了解加工单元的功能。
2. 认识加工单元的各个组成部分。
3. 了解加工单元的工作过程。
4. 会检查加工单元的电气和气动线路的故障。
5. 能将加工单元的各传感器调整至正常状态。
6. 能解决加工单元在运行过程中出现的常见问题。

项目简介

加工在自动化生产过程中通常表示组装、变形和机械加工等。YL-335B 型自动化生产线实训考核装备中的加工单元模拟了实际生产中两个工件进行组装加工的工作。

任务一　认识加工单元

任务目标

1. 能说出加工单元的功能。
2. 认识加工单元的各部分结构。
3. 能说出加工单元的各个相关元器件的名称及作用。
4. 掌握漫射式光电接近开关、磁性开关等检测组件的工作原理。
5. 掌握气动手指、冲压气缸的工作原理。

任务描述

在 YL-335B 型自动化生产线系统中，加工单元进行冲压加工工作，将两个零件进行装配、冲压，并将物料进行传输。通过学习，了解加工单元的功能，认识加工单元的各部分结构和工作原理，熟悉各传感器位置和作用。

任务实施

一　加工单元的功能

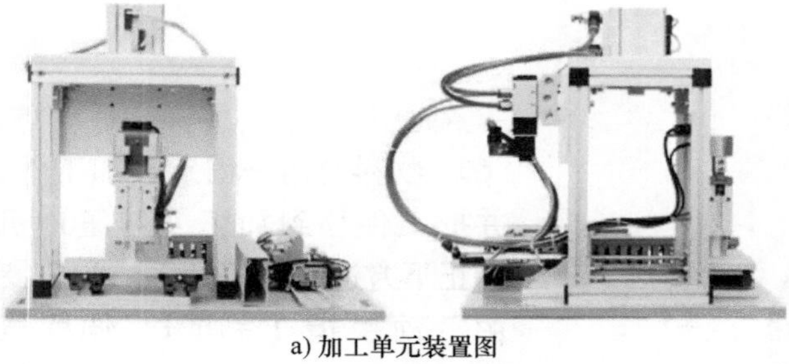

a) 加工单元装置图

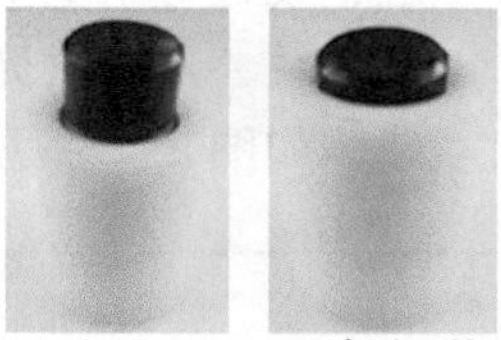

未冲压工件　已冲压工件

b) 工件冲压前后

图 2-23　加工单元的功能

如图 2-23 所示，加工单元的功能：完成把待加工工件在加工台夹紧，移送到加工区域冲压气缸的正下方；完成对工件的冲压加工，然后把加工好的工件重新送出。

对已装配的工件进行加工，通过冲压气缸进行冲压，如图 2-23b 所示。

二 加工单元的主要结构

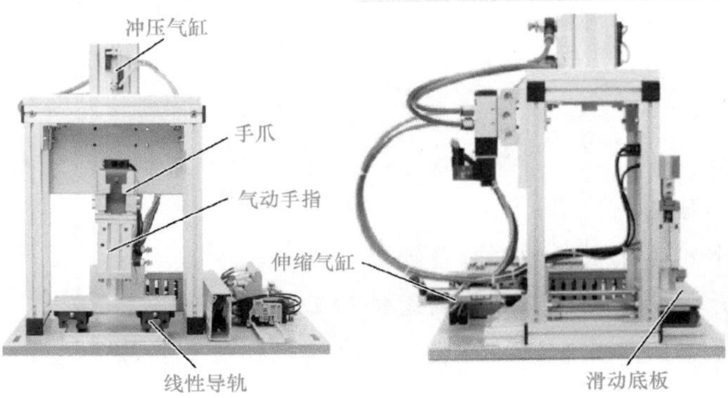

图 2-24 加工单元的主要结构

如图 2-24 所示，加工单元装置侧主要结构组成包括滑动底板、线性导轨、伸缩气缸、冲压气缸、手爪、气动手指、电磁阀组、接线端口及底板等。

三 加工单元各部件的工作原理

（一）滑动物料台

a) 物料台

图 2-25 滑动物料台的结构

物料台用于固定被加工件，并把工件移到加工（冲压）机构正下方进行冲压加工。它主要由气动手指（手爪）、伸缩气缸、线性导轨及滑块、磁感应接近开关、漫射式光电接近开关组成，如图 2-25a 所示。

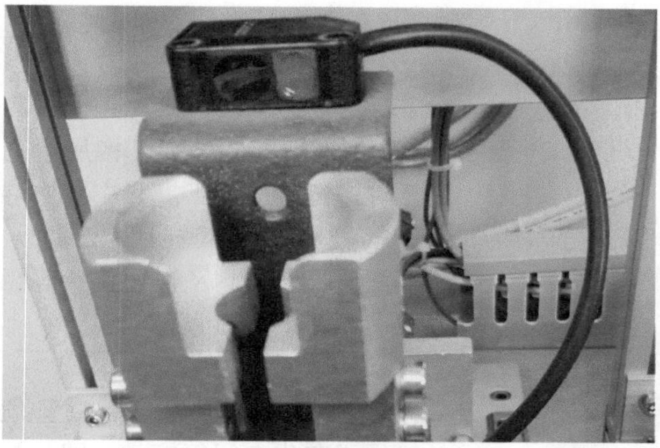
b) 物料检测传感器

物料检测传感器（漫射式光电接近开关）用于检测物料台上是否有工件需要加工，如图 2-25b 所示。

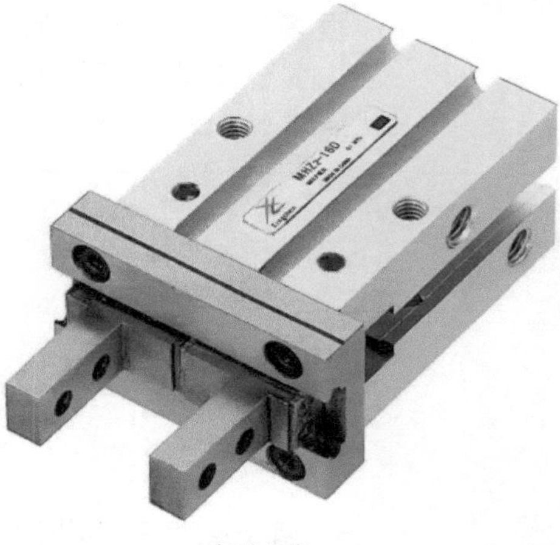
c) 气动手指

如图 2-25c 所示，气动手指（手爪）用于抓取、夹紧工件。气动手指通常有滑动导轨型、支点开闭型和回转驱动型等工作方式。YL-335B 型自动化生产线的加工单元使用的是滑动导轨型气动手指。气动手指传感器用于判断气动手指是否夹紧。

d) 滑动物料台伸缩气缸

图 2-25　滑动物料台的结构（续）

滑动物料台伸缩气缸：控制滑动物料台的伸出、缩回动作，通过调整伸缩气缸上的两个磁性开关位置来确定滑动物料台伸出和返回的位置，如图 2-25d 所示。

（二）加工（冲压）机构

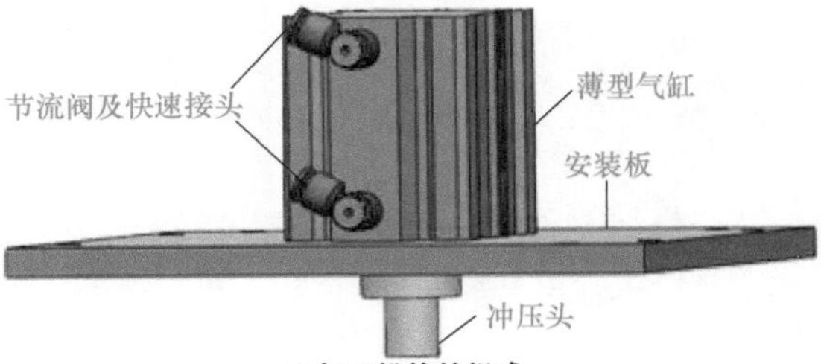

a) 加工机构的组成

加工（冲压）机构用于对工件进行冲压加工。它主要由冲压气缸（薄型气缸）、安装板、冲压头、节流阀及快速接头等组成，如图 2-26a 所示。

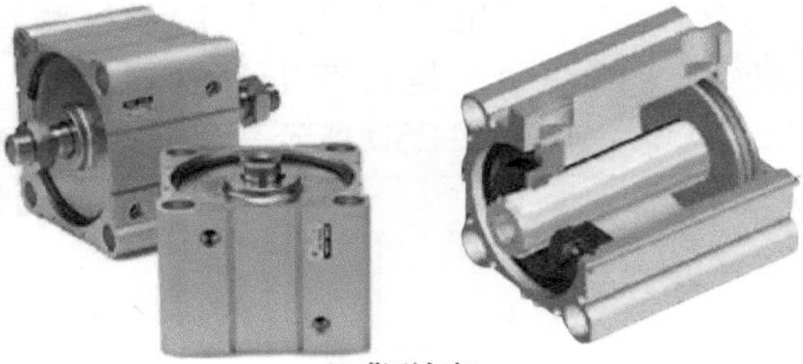
b) 薄型气缸

如图 2-26b 所示，薄型气缸属于节省空间气缸类，即气缸的轴向或径向尺寸比标准气缸减小很多的气缸。它具有结构紧凑、重量轻、占用空间小等优点。

c) 两个磁性开关

两个磁性开关分别定位冲压气缸的伸出位置和缩回位置，如图 2-26c 所示。

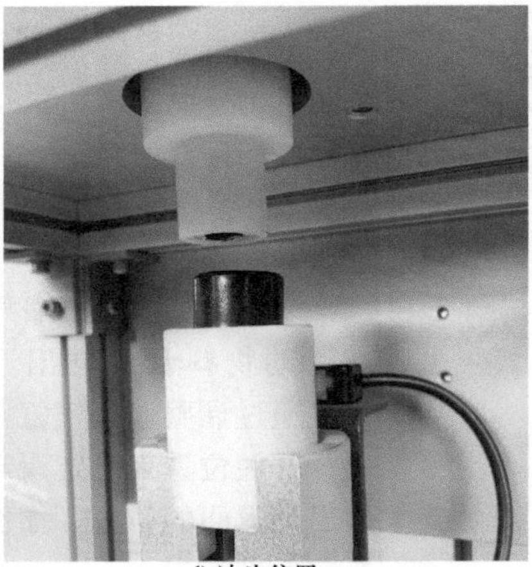
d) 冲头位置

图 2-26　加工（冲压）机构

冲头安装在冲压缸头部，冲头根据工件的要求对其进行加工，如图 2-26d 所示。

任务评价

请填写认识加工单元学习评价表（表2-4）。

表2-4 认识加工单元学习评价表

评价时间：　　年　　月　　日

序号	工作内容	评价要点	配分	学生自评	学生互评	教师评分
1	加工单元的功能	能说出加工单元的功能	20			
2	加工单元的主要结构	能说出加工单元的主要结构	20			
3	滑动物料台	能说出滑动物料台的功能、组成元件名称及作用	40			
4	加工（冲压）机构	能说出加工（冲压）机构的功能、组成元件名称及作用	20			
合计			100			

任务二　运行调试加工单元

任务目标

1. 会检查加工单元的电气和气动线路的故障。
2. 能将加工单元的各传感器调整至正常状态。
3. 能解决加工单元在运行过程中出现的常见问题。
4. 能使加工单元正常运行。

任务描述

本任务只考虑加工单元作为独立设备时的运行与调试，通过本任务的学习，使学生能够了解加工单元的动作流程，能对各部件进行调试，使其能正常工作，并能在YL-335B型自动化生产线上完成加工单元的正常运行。

任务实施

一　运行前就绪调试

（一）调试加工单元的气动控制回路

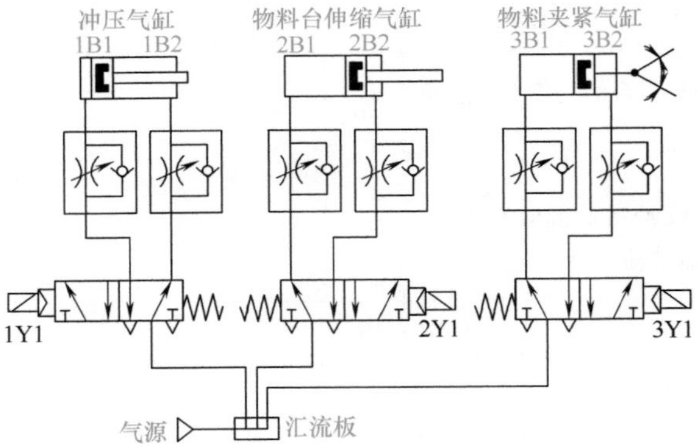

a) 加工单元的气动控制回路

加工单元的气动控制回路是本工作单元的执行机构，1B1 和 1B2、2B1 和 2B2 分别为安装在冲压气缸、物料台伸缩气缸的两个极限工作位置的磁感应接近开关，3B1 为安装在物料夹紧气缸工作位置的磁感应接近开关。1Y1、2Y1 和 3Y1 分别为控制冲压气缸、物料台伸缩气缸和物料夹紧气缸的电磁阀的电磁控制端，如图 2-27a 所示。

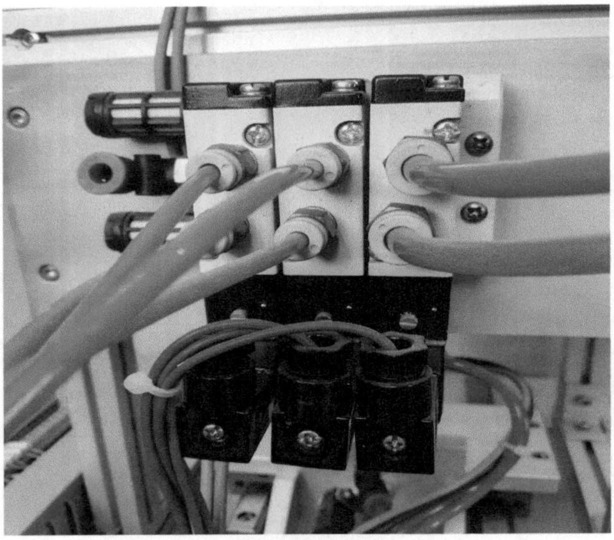

b) 检查气动控制回路

图 2-27　调试加工单元的气动控制回路

检查气动控制回路主要有以下几点：

1）气路连接是否完全按照自动化生产线气路图进行。

2）气管是否在快速接头中插紧，有无漏气现象。

3）气管连接走向是否合理，是否均匀美观，不要交叉打结。

4）电磁阀组与气体汇流板的连接是否密封良好，有无泄漏现象。

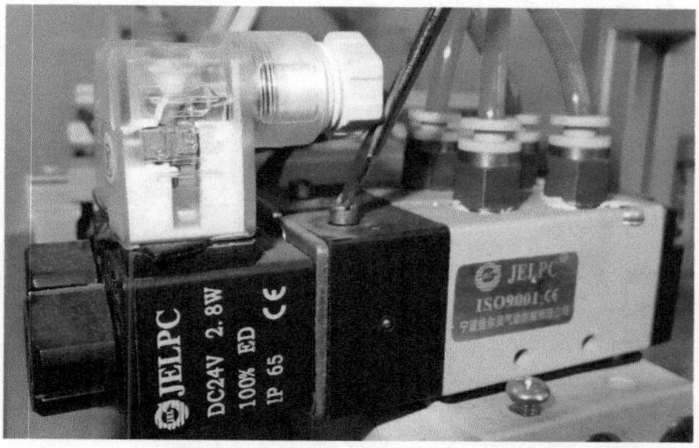

c) 冲压气缸、物料台伸缩气缸和物料夹紧气缸的初始位置和动作位置

图 2-27　调试加工单元的气动控制回路（续）

⊖ 用电磁阀上的手动换向加锁钮验证冲压气缸、物料台伸缩气缸和物料夹紧气缸的初始位置和动作位置是否正确。方法：用一字螺钉旋具压下手动换向加锁钮，观察气缸动作。注意：如果气缸动作相反，将气缸两端进气管位置颠倒即可。

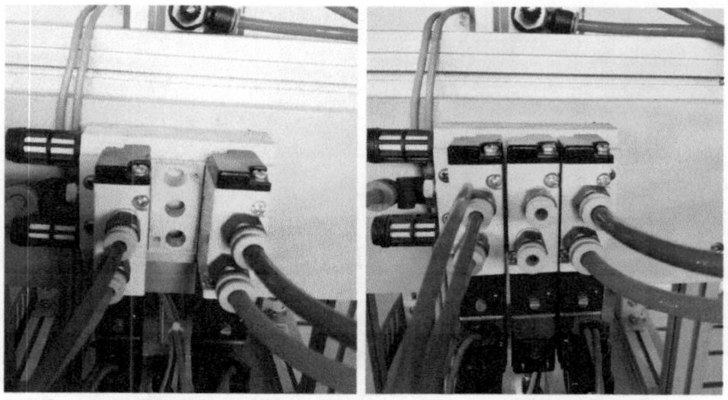

a) 卸下损坏的电磁阀　　b) 安装新的电磁阀

⊖ 电磁阀更换步骤

1）切断气源，在汇流板上用螺钉旋具拆卸下已经损坏的电磁阀，如图 2-28a 所示。

2）用螺钉旋具安装新的电磁阀，如图 2-28b 所示。

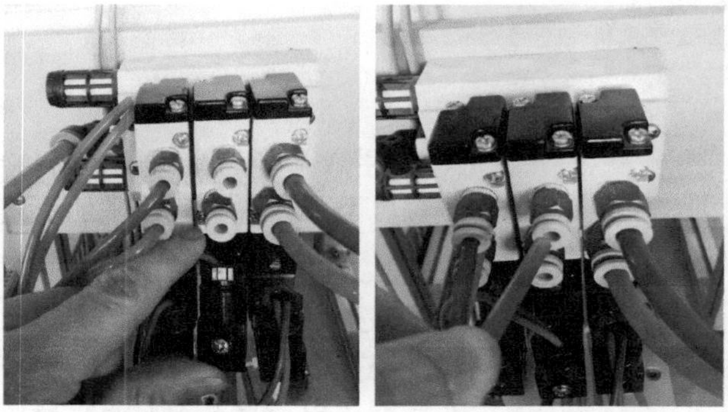

c) 插入电气控制接头　　d) 插入气管

图 2-28　更换电磁阀的步骤

3）将电气控制接头插入电磁阀，如图 2-28c 所示。

4）将气管插在电磁阀的快速接头上，如图 2-28d 所示。

5）接通气源，手动控制开关进行调试，检查气缸动作情况。

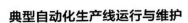

（二）调试加工单元的电气控制回路

输入信号		
PLC 输入点	信号名称	信号来源
X000	加工台物料检测	装置侧
X001	工件夹紧检测	
X002	加工台伸出到位	
X003	加工台缩回到位	
X004	加工压头上限	
X005	加工压头下限	
X012	停止按钮	按钮/指示灯模块
X013	起动按钮	
X014	急停按钮	
X015	单站/全线	
输出信号		
PLC 输出点	信号名称	信号来源
Y000	物料夹紧电磁阀	装置侧
Y002	物料台伸缩电磁阀	
Y003	加工压头电磁阀	
Y010	正常工作指示	按钮/指示灯模块
Y011	运行指示	

a）PLC 的 I/O 接线表

如图 2-29a 所示，按照加工单元 PLC 的 I/O 分配表检查接线是否正确。

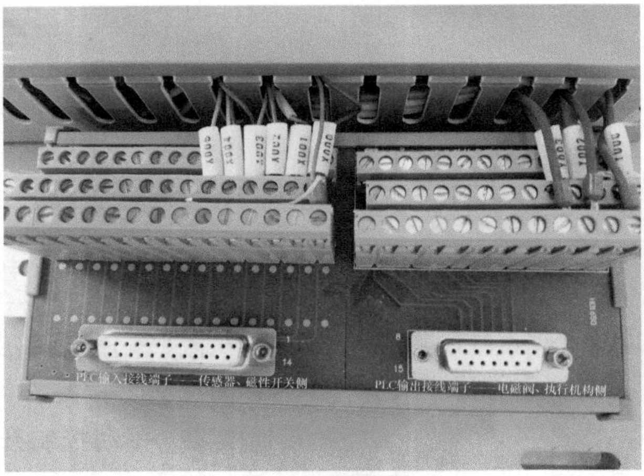

b) 检查加工单元装置侧接线

图 2-29　调试加工单元的电气控制回路

注意：加工单元装置侧接线端口中，输入信号端子的上层端子（+24V）只能作为传感器的正电源端，切勿用于电磁阀等执行元件的负载。电磁阀等执行元件的正电源端和 0V 端应连接到输出信号端子下层的相应端子上。

（三）检查冲压气缸和伸缩气缸工作

1. 检测冲压气缸的磁性开关安装位置

a) 调节缩回磁性开关的位置

当冲压气缸处于缩回位置时，调节缩回磁性开关沿气缸轴向上下移动，直到磁性开关被触发，LED 灯亮；在同一方向上轻微移动磁性开关，直到 LED 灯熄灭，用螺钉旋具将磁性开关固定在触发和关闭的中间位置上，如图 2-30a 所示。

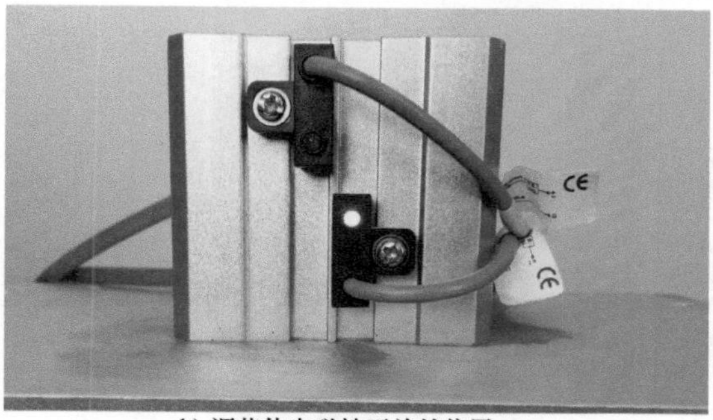

b) 调节伸出磁性开关的位置

图 2-30　检测冲压气缸磁性开关的安装位置

冲压气缸伸出到位时，用同样的方法调节伸出磁性开关的位置，如图 2-30b 所示。

2. 检查伸缩气缸的磁性开关安装位置

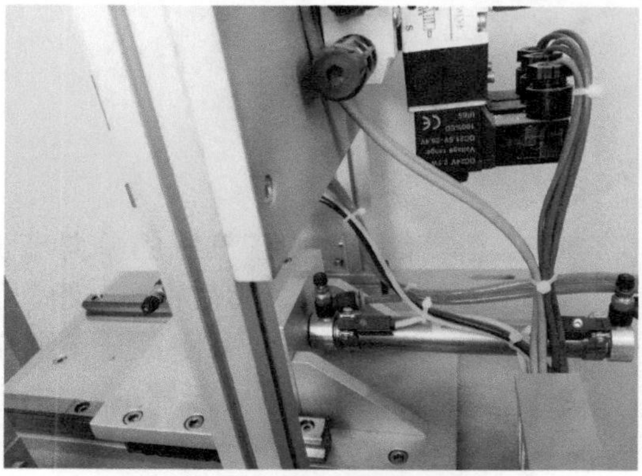

a) 调节伸缩气缸缩回磁性开关的位置

图 2-31　检查伸缩气缸的磁性开关安装位置

伸缩气缸缩回位置应处于加工冲头正下方，调节缩回磁性开关的位置，用螺钉旋具旋紧固定螺钉即可，如图 2-31a 所示。

b) 调节伸缩气缸伸出磁性开关的位置

图 2-31　检查伸缩气缸的磁性开关安装位置（续）

● 伸缩气缸伸出位置应与整体状态下的输送单元的机械手装置配合，调节伸出磁性开关的位置，用螺钉旋具旋紧固定螺钉即可，如图 2-31b 所示。

3. 检查伸缩气缸的活塞杆

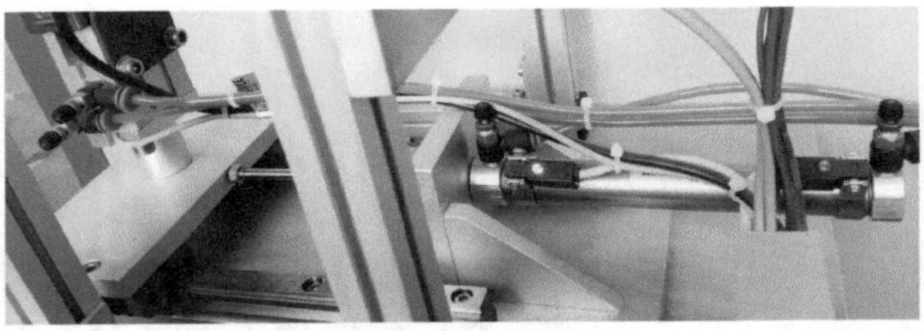

图 2-32　检查伸缩气缸的活塞杆

● 手动检查伸缩气缸的活塞杆，如图 2- 32 所示，应伸缩灵活。

4. 检查冲压气缸的动作速度

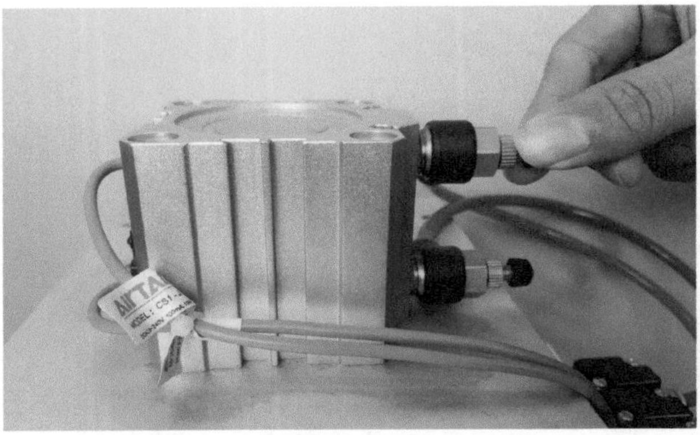

图 2-33　调节冲压气缸的动作速度

● 将冲压气缸的单向节流阀完全拧紧，然后松开一圈，手动控制阀岛，慢慢打开单向节流阀，直到达到所需的动作速度，如图 2-33 所示。

5. 调节伸缩气缸动作速度

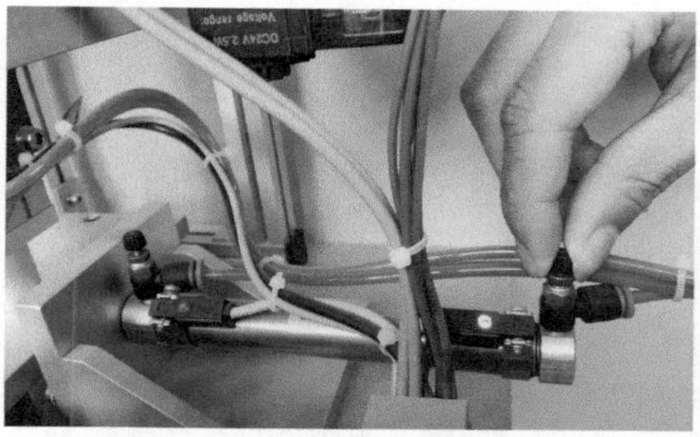

图 2-34　调节伸缩气缸的动作速度

如图 2-34 所示，将伸缩气缸的单向节流阀完全拧紧，然后松开一圈，手动控制阀岛，慢慢打开单向节流阀，直到达到所需的动作速度。

6. 检查滑动底板的滑动情况

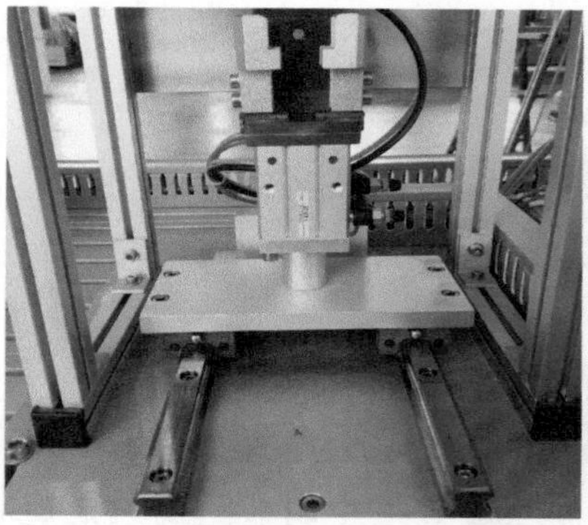

图 2-35　检查滑动底板的滑动情况

如图 2-35 所示，检查滑动底板的活动是否灵活，可通过调整导轨固定螺钉或滑板固定螺钉实现。

(四) 检查机械手工作情况

1. 检查物料检测传感器灵敏度

a) 无物料时只有绿灯亮

图 2-36　检查物料检测传感器的灵敏度

如图 2-36a 所示，若物料台上没有物料，物料检测传感器的绿灯亮。

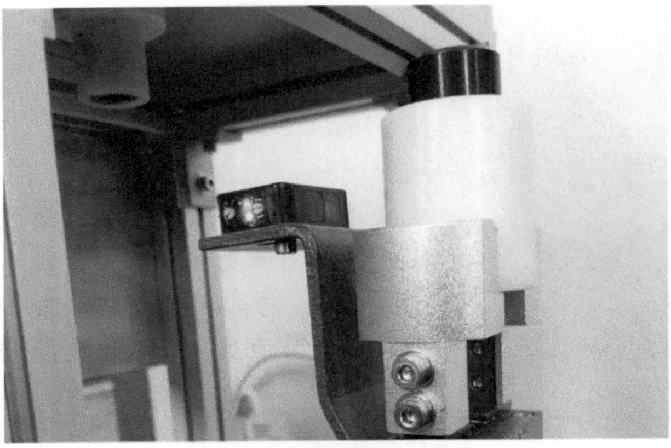

b) 有物料时橙色灯和绿色灯都亮

若物料台上有物料，物料检测传感器的橙色灯也同时亮，如图 2-36b 所示。

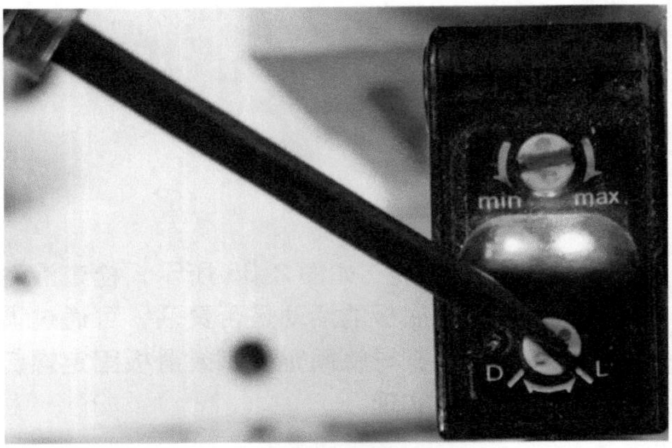

c) 调节距离设定按钮

图 2-36　检查物料检测传感器的灵敏度（续）

调节距离设定旋钮，检测状态和非检测状态两点的中间位置为稳定检测物体的最佳位置，如图 2-36c 所示。

2. 调节机械手夹紧磁性开关灵敏度

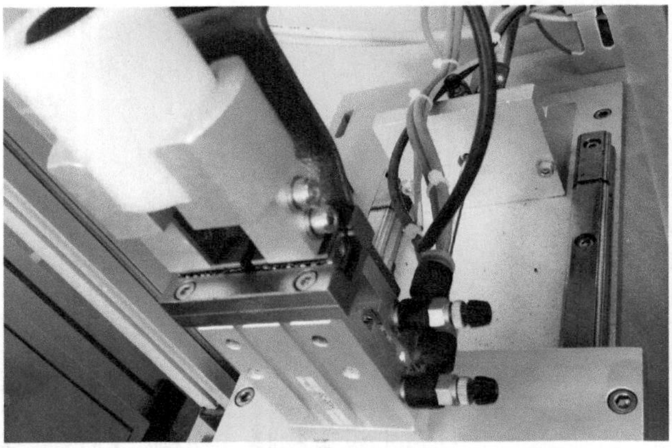

图 2-37　调节机械手夹紧磁性开关的灵敏度

如图2-37 所示，机械手处于夹紧位置时，调节磁性开关沿气缸轴向上下移动，直到磁性开关被触发，LED 灯亮；在同一方向上轻轻移动磁性开关，直到 LED 灯灭，用螺钉旋具将磁性开关固定在触发和关闭的中间位置上。

（五）检查调整冲头位置

图 2-38　调整冲头位置

如果加工组件部分的冲头和加工台上工件的中心没有对正，可以通过调整推料气缸旋入两导轨连接板的深度进行对正，如图 2-38 所示。

二　起动、停止运行调试

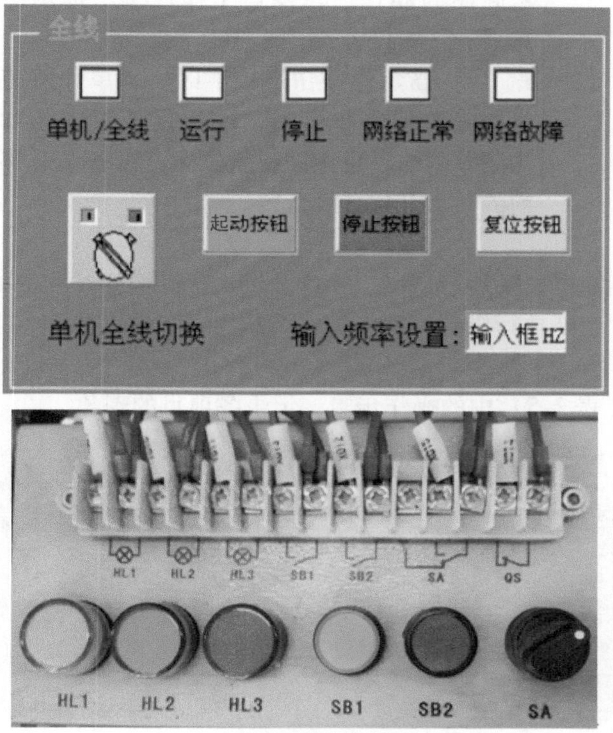

a) 选择工作方式

图 2-39　加工单元的运行过程调试

将触摸屏上“单机全线切换”开关旋转到单机模式，“单机/全线”指示灯不亮。在按钮/指示灯模块上将选择开关 SA 旋转到右侧，置于“单站方式”位置，系统进入单站工作模式，如图 2-39a 所示。

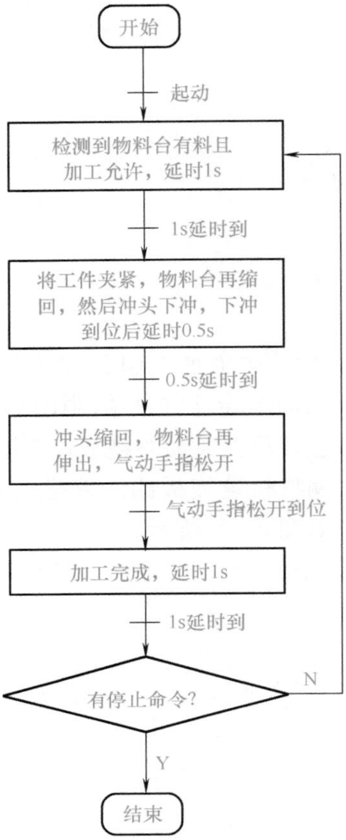

b) 加工单元工作流程

图 2-39　加工单元的运行过程调试（续）

加工单元工作流程如图 2-39b 所示。

1）初始状态：滑动物料台伸缩气缸处于伸出位置，物料台气动手指处于松开状态，冲压气缸处于缩回状态。若设备在初始状态，则“正常工作”指示灯 HL1 常亮，否则指示灯 HL1 以 1Hz 的频率闪烁。

2）设备准备好后，按下起动按钮，“设备运行”指示灯 HL2 常亮。当待加工工件被送到物料台上，物料检测传感器检测到工件后，气动手指将工件夹紧，物料台回到加工区域冲压气缸的下方，冲压气缸活塞杆向下伸出冲压工件，完成冲压动作后向上缩回，物料台重新伸出，到位后气动手指松开，工件加工工序完成。若没有停止信号，则进行下一次加工工件的操作。

3）若按下停止按钮，加工单元在完成本周期的动作后，停止工作，HL2 指示灯熄灭。

4）当急停按钮被按下时，本单元所有机构应立即停止运行，HL2 指示灯以 1Hz 的频率闪烁。急停按钮复位后，设备从急停前的断点开始继续运行。

在运行过程中，应该在现场时刻观察设备运行情况，一旦发生执行机构相互冲突的事件，应该及时采取措施，如急停、切断执行机构控制信号、切断气源和总电源等，以免造成设备损毁。

根据加工单元运行调试记录表（表 2-5）中的操作步骤，记录各项目的现象。

表 2-5　加工单元运行调试记录表

操作步骤 \ 观察项目		指示灯 HL1（填“亮”“灭”“1Hz 频率闪烁”）	指示灯 HL2（填“亮”“灭”“1Hz 频率闪烁”）	滑动物料台（填“伸出”“缩回”）	气动手指（填“夹紧”“松开”）	冲压气缸（填“伸出”“缩回”）
初始状态	在初始状态					
	不在初始状态					
正常运行	按下起动按钮					
	按下停止按钮					

（续）

操作步骤 \ 观察项目		指示灯 HL1（填“亮”“灭”“1Hz 频率闪烁”）	指示灯 HL2（填“亮”“灭”“1Hz 频率闪烁”）	滑动物料台（填“伸出”“缩回”）	气动手指（填“夹紧”“松开”）	冲压气缸（填“伸出”“缩回”）
急停	按下急停按钮					
	按下起动按钮					

任务评价

请填写运行调试加工单元的学习评价表（表 2-6）。

表 2-6　运行调试加工单元的学习评价表

评价时间：　　年　　月　　日

序号	工作内容	评价要点	配分	学生自评	学生互评	教师评分
1	冲压气缸	能判断冲压气缸是否准备就绪 能调节冲压气缸至就绪状态	10			
2	伸缩气缸	能判断伸缩气缸工作是否灵活 能学会调整滑动物料台的滑板导轨	10			
3	物料台物料检测传感器	能判断物料检测传感器工作是否正常 能调节物料检测传感器的灵敏度	10			
4	气动手指	能判断气动手指工作是否正常 能调整气动手指夹紧磁性开关	10			
5	I/O 接线	能根据 I/O 接线图检查 PLC 的 I/O 接线是否正确	10			
6	单站方式	能将加工单元设置成单站运行方式	10			
7	加工单元运行调试	满足控制要求	40			
合计			100			

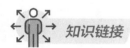

知识链接

认识气动执行元件

1. 气泵

气泵包括空气压缩机、压力开关、过载安全保护器、储气罐、压力表、气源开关和主管道过滤器，气泵外观如图 2-40 所示。

2. 压力控制阀

压力控制阀主要是减压阀和溢流阀。

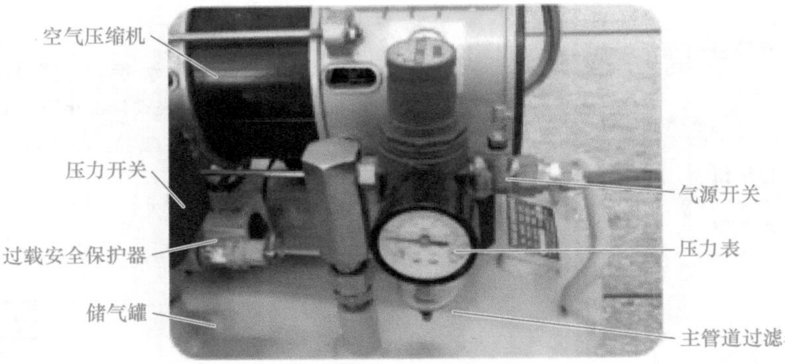

图 2-40　气泵外观图

（1）减压阀

减压阀的作用是降低由空气压缩机带来的压力，以适应每台气动设备的需要，并使这一压力保持稳定。减压阀的实物图与结构如图 2-41 所示。

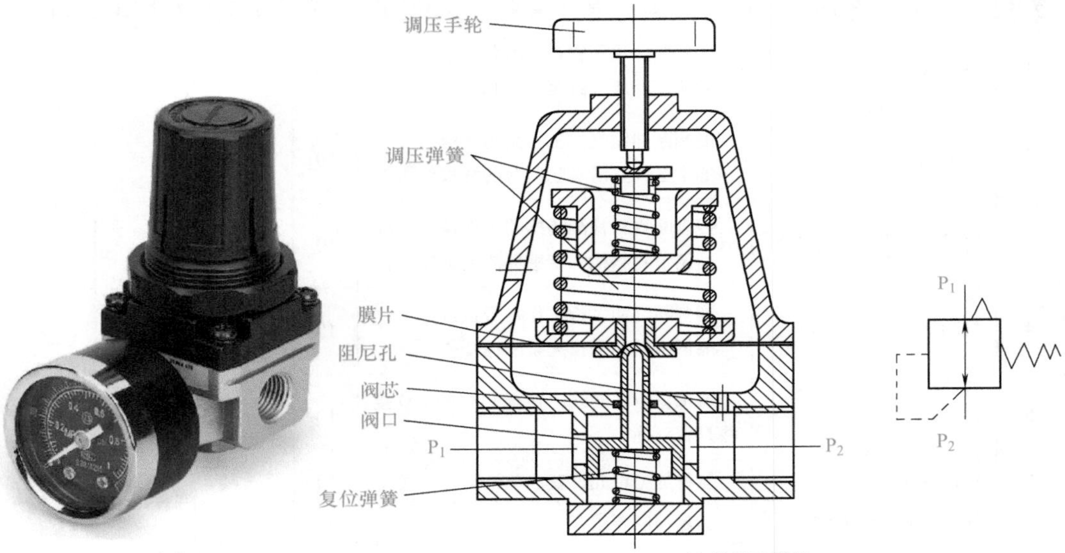

a) 实物图　　b) 结构及符号

图 2-41　减压阀的实物图与结构

（2）溢流阀

溢流阀的作用是当系统压力超过调定值时，自动排气，使系统的压力下降，以保证系统安全，也称其为安全阀。溢流阀的实物图与工作原理图如图 2-42 所示。

3. 流量控制阀

流量控制阀最常用的是节流阀，单向节流阀是由单向阀和节流阀并联而成的流量控制阀，常用于控制气缸的运动速度，所以也称为速度控制阀。单向节流阀的功能是靠单向型密封圈来实现的。图 2-43 是排气节流方式的单向节流阀剖面图，图 2-44 是安装有快速接头的限出型气缸节流阀剖面图。

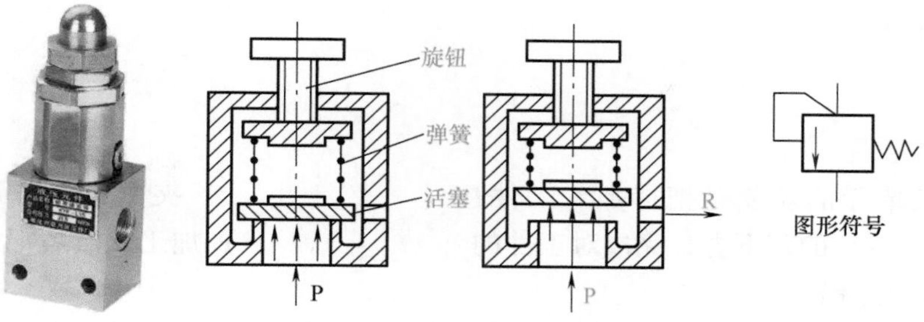

a) 实物图　　b) 关闭状态　　c) 开启状态　　d) 图形符号

图 2-42　溢流阀的实物图与工作原理图

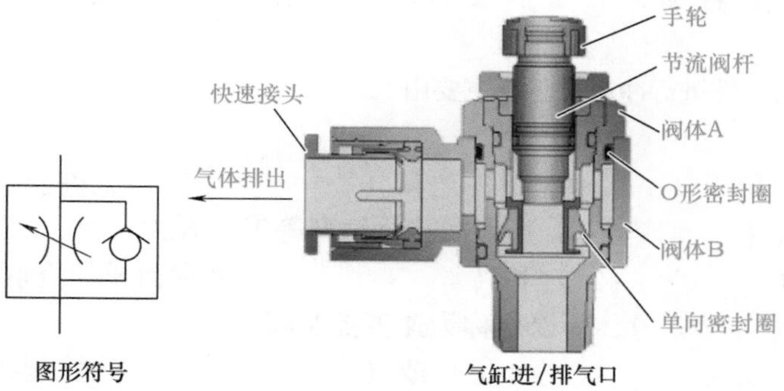

图 2-43　排气节流方式的单向节流阀剖面图

4. 方向控制阀

方向控制阀是用来改变气流流动方向或通断的控制阀，通常使用的是电磁阀。电磁阀是利用其电磁线圈通电时，静铁心产生电磁吸力使阀心切换，达到改变气流方向的目的。图 2-45 所示是一个单电控二位三通电磁换向阀的工作原理示意图。

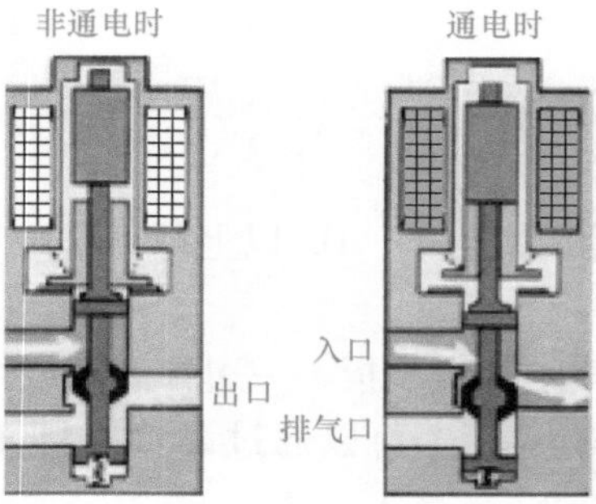

图 2-44　限出型气缸节流阀剖面图

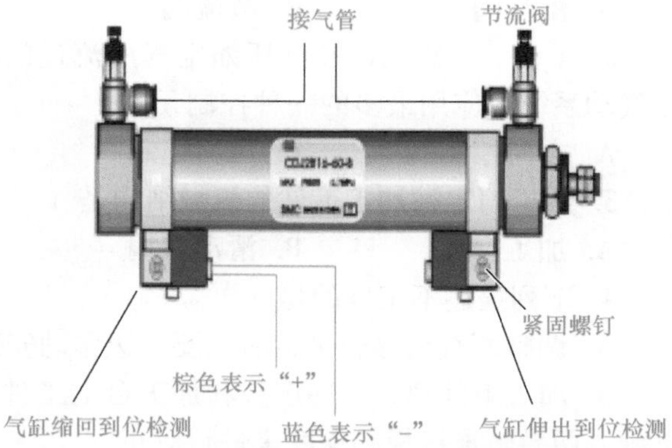

图 2-45　单电控二位三通电磁换向阀的工作原理示意图

自我测试

一、填空题

1. 加工单元的功能是把待加工工件在（　　　　　　）夹紧，移送到加工区域（　　　　　　）的正下方；完成对工件的（　　　　　　）加工，然后把加工好的工件重新送出的过程。

2. 加工单元主要由（　　　　　　）及滑动机构、（　　　　　　）、（　　　　　　）、接线端口和滑动底板等部分组成。

3. 通过（　　　　　　）检测加工台上是否有工件。若加工台上没有工件时，处于（　　　　　　）状态；若加工台上有工件，则开始动作，并将信号输入给（　　　　　　）。

4. 加工冲压机构用于对工件进行冲压加工，主要由（　　　　　　）、（　　　　　　）和安装板等组成。

5. 气动手指（手爪）用于（　　　　　　）和（　　　　　　）工件。气动手指通常有（　　　　　　）、（　　　　　　）和回转驱动型等工作方式。

6. 单向节流阀是由（　　　　　　）和（　　　　　　）并联而成的流量控制阀，常用于控制气缸的（　　　　　　），所以也称为速度控制阀。

7. 方向控制阀是用来改变（　　　　　　）或（　　　　　　）的控制阀，通常使用的是电磁阀。

8. 减压阀的作用是降低由空气压缩机带来的（　　　　　　），以适应每台气动设备的需要，并使这一压力（　　　　　　）。

二、选择题

1. （　　　）的作用是当系统压力超过调定值时，便自动排气，使系统的压力下降，以保证系统安全，也称其为安全阀。

A. 溢流阀　　　B. 节流阀　　　C. 减压阀

2. （　　　）用以控制压缩空气所流过的路径，控制气流的通断或流动方向，它是气动系统中应用最多的一种控制元件。

A. 方向控制阀　　　B. 压力控制阀　　　C. 流量控制阀

3. 用于固定被加工工件的机械结构是（　　　）

A. 加工台　　　B. 滑动机构　　　C. 加工冲压机构　　　D. 以上都不对

4. 下列描述不正确的是（　　　）

A. 调整两直线导轨平行时，要一边移动安装在两导轨上的安装板，一边拧紧固定

B. 加工组件部分的冲压头和加工台上工件的中心没有对正，可以通过调整推料气缸旋入两导轨连接板的深度来进行对正

C. 安装时先总装，再进行零件安装

D. 机械安装时应对角安装

三、简答题

1. 简述加工单元的功能。
2. 简述冲压气缸磁性开关的调整方法。
3. 简述电磁阀的更换步骤。

项目三

装配单元的运行与调试

学习目标

1. 了解装配单元的功能。
2. 认识装配单元的各个组成部分。
3. 了解装配单元的工作过程。
4. 会检查装配单元的电气和气动线路故障。
5. 能将装配单元的各传感器调整至正常状态。
6. 能解决装配单元在运行过程中出现的常见问题。

项目简介

装配在自动化生产系统中通常表示组装、变形和机械装配等。YL-335B 型自动化生产线实训考核装备中的装配单元与机械手结合在一起，模拟了实际生产中两个零件的装配工作，将两个零件进行装配，并传输物料。

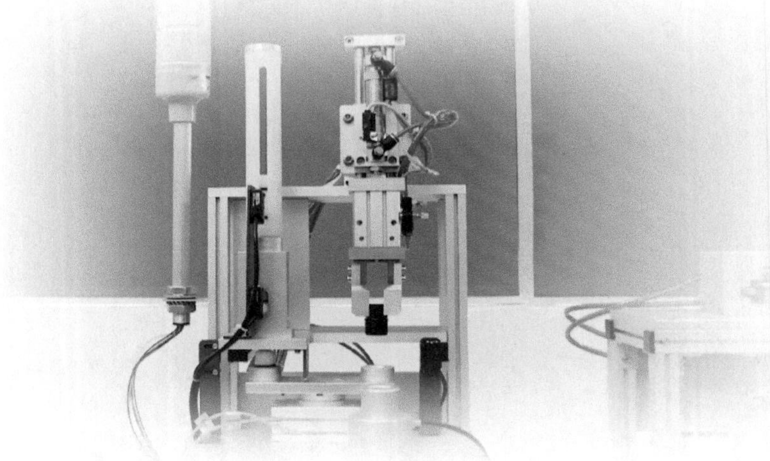

任务一　认识装配单元

任务目标

1. 能说出装配单元的功能。
2. 认识装配单元的各部分结构。
3. 能说出装配单元的各个相关元器件的名称及作用。

任务描述

YL-335B 型自动化生产线实训考核装备中的装配单元与机械手结合在一起，将两个零件进行装配，并将物料进行传输。通过本任务的学习，让学生了解装配单元的功能，认识装配单元各部分的结构和工作原理，熟悉装配单元相关传感器的位置和作用。

任务实施

一　装配单元的功能

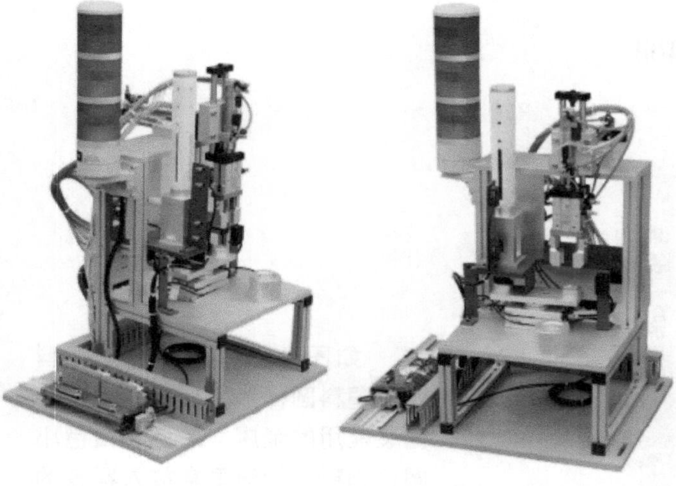

a) 装配单元侧面图　　b) 装配单元正面图

图 2-46　装配单元及其功能

装配单元的功能是将该单元料仓内的黑色或白色小圆柱工件，嵌入到放置在装配料斗的待装配工件中，完成装配过程，如图 2-46 所示。

c) 待装配工件　d) 小圆柱工件　e) 装配完成工件

图 2-46　装配单元及其功能（续）

二　装配单元的主要结构

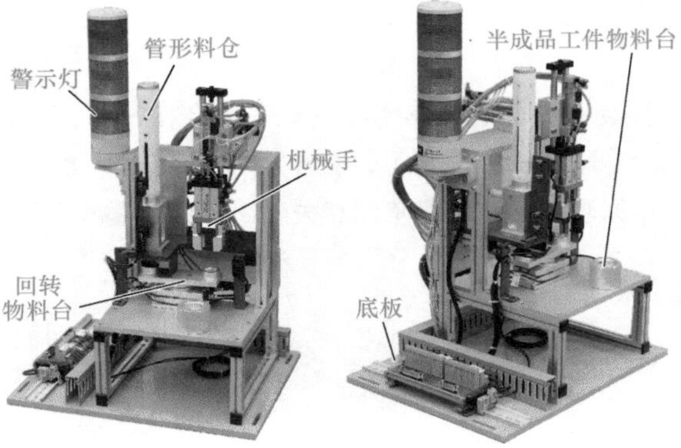

图 2-47　装配单元的主要结构

如图 2-47 所示，装配单元的主要结构组成包括管形料仓、回转物料台、机械手、半成品工件物料台、警示灯、底板、气动系统及其阀组，以及用于电气连接的端子排组件等。

三　装配单元各部件的结构和功能

（一）管形料仓及落料机构

a) 管形料仓外形

图 2-48　管形料仓及落料机构

如图 2-48a 所示，管形料仓由塑料圆棒加工而成，用来存储装配用的金属、黑色和白色小圆柱物料。物料垂直放入料仓的空心圆筒内，在重力的作用下自由下落。

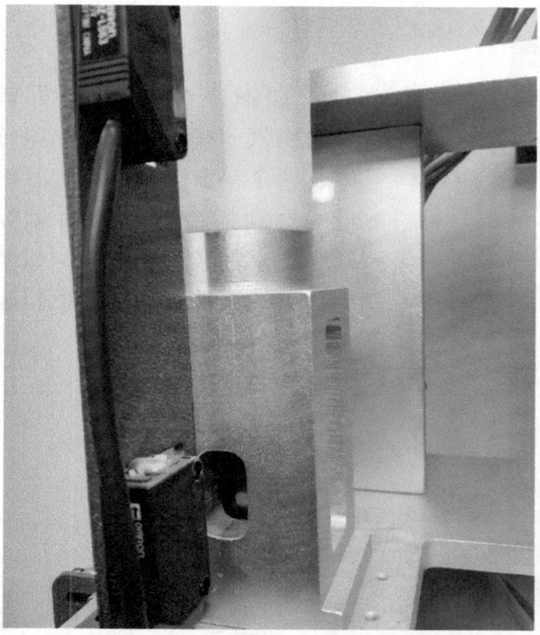

b) 管形料仓底部的两个漫射式光电接近开关

为了能在料仓供料不足和缺料时及时报警，在管形料仓底部和底座处分别安装了两个漫射式光电接近开关，并在料仓塑料圆筒上纵向铣槽，以使光电接近开关的红外光斑能准确地照射到被检测的物料上，如图 2-48b 所示。

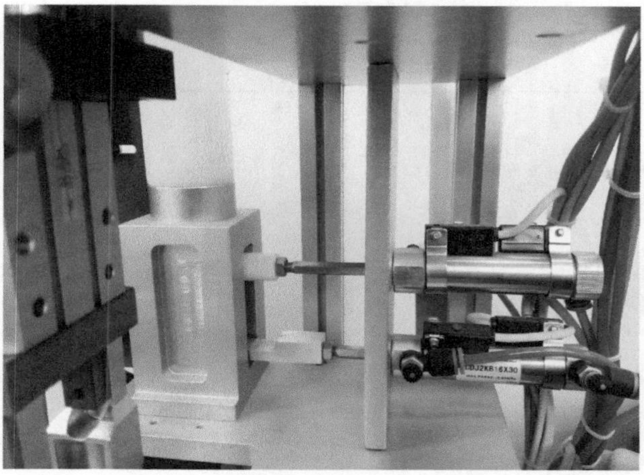

c) 顶料气缸和挡料气缸

图 2-48　管形料仓及落料机构（续）

如图 2-48c 所示，料仓底座的背面安装了两个直线气缸，上面的气缸称为顶料气缸，下面的气缸称为挡料气缸。初始位置时，挡料气缸伸出，挡住因重力下降的物料。下料时，顶料气缸伸出，顶住上层物料，挡料气缸缩回，使物料落入物料盘内。磁性开关检测气缸动作到位情况。

(二) 回转物料台

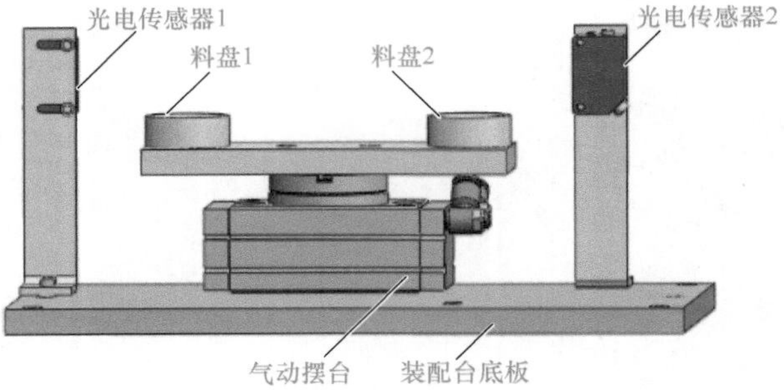

a) 回转物料台的结构

如图 2-49a 所示，回转物料台由气动摆台、两个光电传感器、两个料盘以及装配台底板组成。气动摆台能驱动料盘旋转180°，从而实现把从落料机构落到料盘的工件移动到装配机械手正下方的功能。

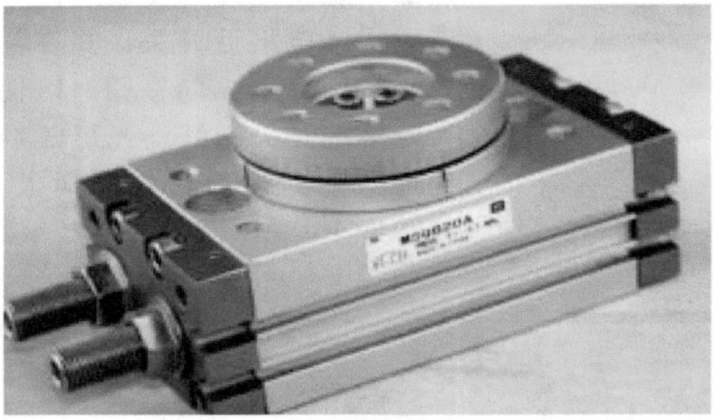
b) 气动摆台

如图 2-49b 所示，气动摆台由直线气缸驱动齿轮齿条实现回转运动，回转角度能在0°～90°和 0°～180°之间任意调整，多用在方向和位置需要变换的机构上。

c) 磁性开关

图 2-49　回转物料台

如图 2-49c 所示，两个磁性开关分别定位气动摆台旋转到位的位置和返回的位置。

（三）半成品工件物料台

a) 料斗

⊖ 图 2-50a 中的料斗用于放置输送单元运送来的待装配工件，通过料斗定位孔与工件之间较小的间隙配合实现定位，从而完成准确的装配动作和定位精度。

b) 光纤传感器

⊖ 光纤传感器，用于检测料斗中是否有物料，如图 2-50b 所示。

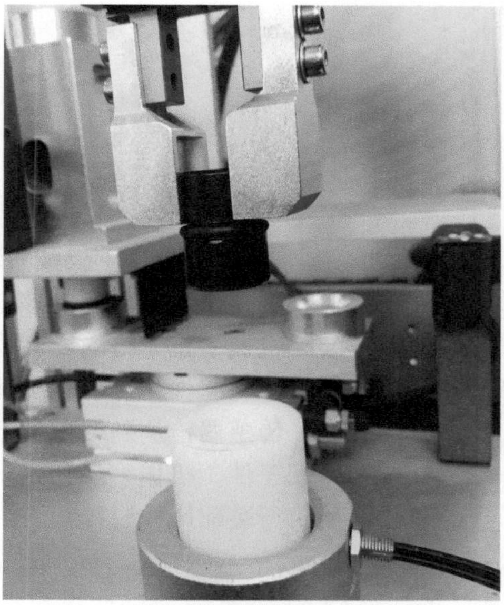

c) 机械手夹取物料

图 2-50 半成品工件物料台

⊖ 机械手夹取回转物料台上的物料，放入半成品工件中，进行装配，如图 2-50c 所示。

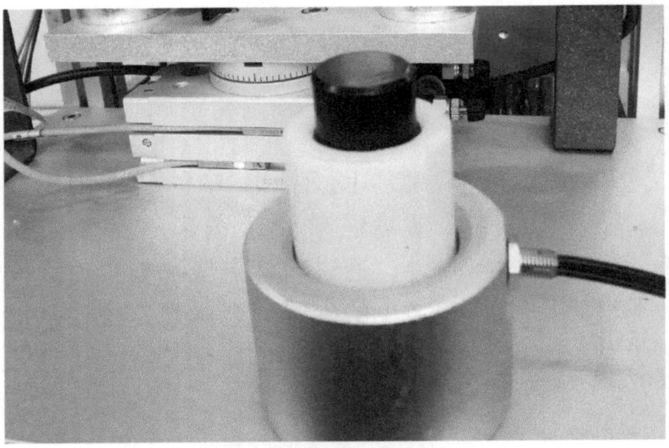

d) 完成装配的物料套件

图 2-50　半成品工件物料台（续）

图 2-50d 所示为装配完成的物料套件。

（四）装配机械手

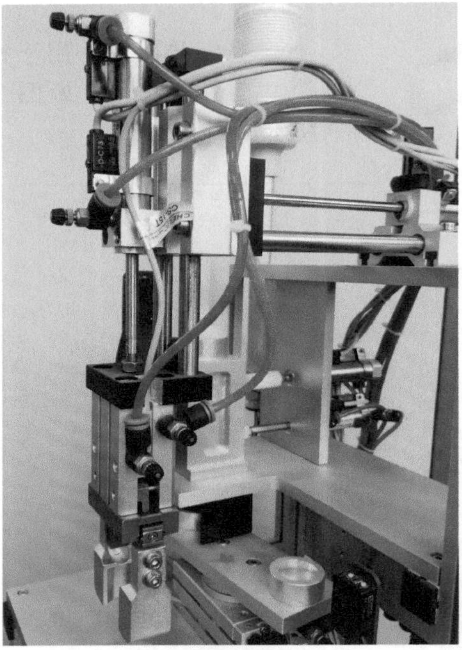

a) 装配机械手位置

图 2-51　装配机械手

如图 2-51a 所示，装配机械手是整个装配单元的核心。当装配机械手正下方的回转物料台料盘中有工件，且装配台侧面的光纤传感器检测到装配台上有待装配工件，机械手从初始状态开始执行装配操作过程。

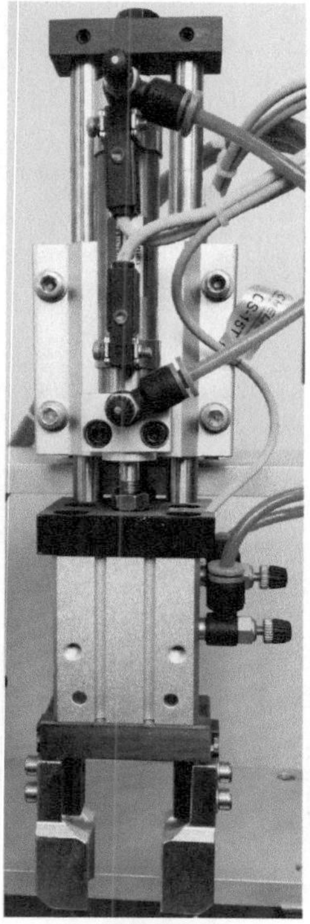

b) 机械手正面

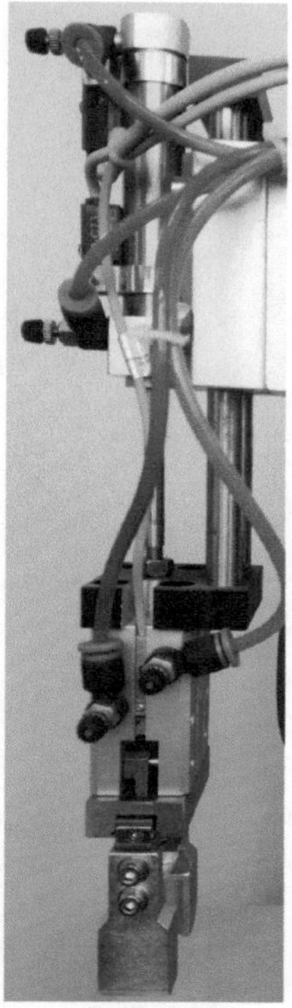

c) 机械手侧面

图 2-51　装配机械手（续）

装配机械手装置是一个三维运动的机构，由两个水平方向移动和垂直方向移动的导轨气缸和气动手指组成。

（五）电磁阀组

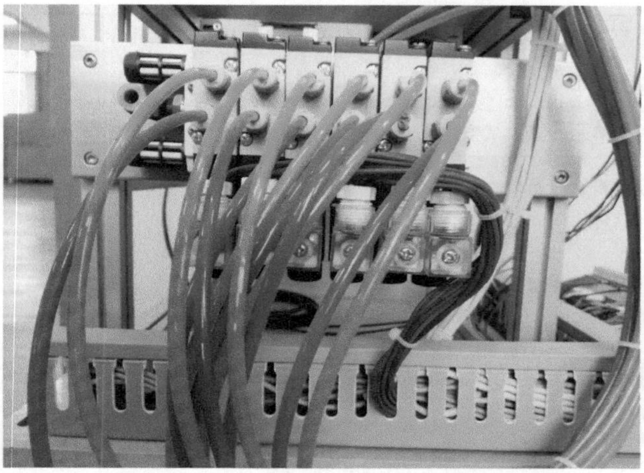

图 2-52　装配单元的电磁阀组

如图 2-52 所示，装配单元的电磁阀组由 6 个二位五通单控电磁换向阀组成，这些电磁阀分别对物料分配、位置变换和装配动作气路进行控制，以改变各自的动作状态。

（六）警示灯

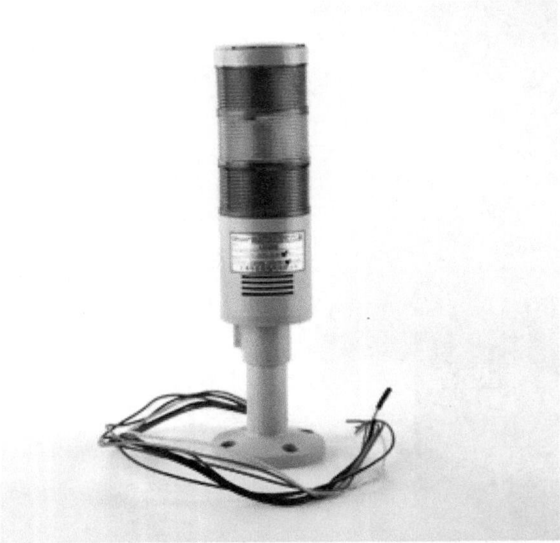

图 2-53　警示灯

装配单元安装有红、橙、绿三色警示灯，它是作为整个系统警示用的，如图 2-53 所示。

任务评价

请填写认识装配单元学习评价表（表 2-7）。

表 2-7　认识装配单元学习评价表

评价时间：　　年　　月　　日

序号	工作内容	评价要点	配分	学生自评	学生互评	教师评分
1	装配单元的功能	能说出装配单元的功能	20			
2	装配单元的主要结构	能说出装配单元的主要结构组成	20			
3	管形料仓及落料机构	能说出管形料仓及落料机构的功能、组成元件名称及作用	20			
4	回转物料台	能说出回转物料台的功能、组成元件名称及作用	20			
5	装配机械手	能说出装配机械手的功能、组成元件名称及作用	20			
合计			100			

任务二　运行调试装配单元

任务目标

1. 会检查装配单元的电气和气动线路的故障。
2. 能将装配单元的各传感器调整至正常状态。
3. 能解决装配单元在运行过程中出现的常见问题。
4. 能使装配单元正常运行。

任务描述

本任务只考虑装配单元作为独立设备时的运行与调试，通过本任务的学习，使学生能够了解装配单元运行的动作流程，能对各部件进行调试，使其能正常工作，并能在 YL-335B 型自动化生产线上完成装配单元的正常运行。

任务实施

一　运行前调试

（一）调试装配单元的气动控制回路

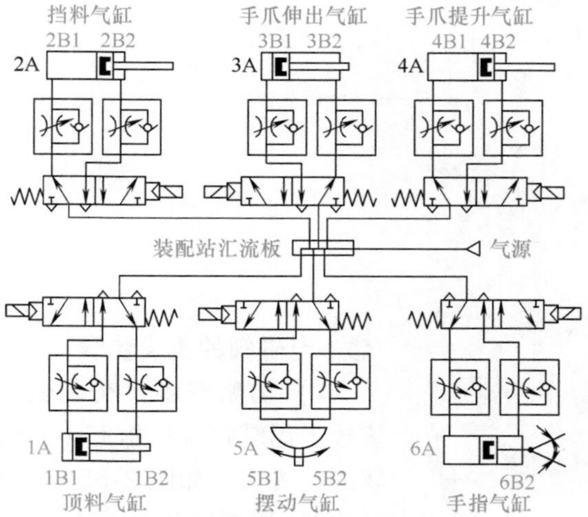

a) 装配单元的气动控制回路

图 2-54　调试装配单元的气动控制回路

如图 2-54a 所示，气动控制回路是装配单元的执行机构，该执行机构的逻辑控制功能是由 PLC 实现的。装配单元气动控制回路的工作原理介绍如下：1B1 和 1B2、2B1 和 2B2、3B1 和 3B2、4B1 和 4B2、5B1 和 5B2 分别为安装在顶料气缸、挡料气缸、手爪伸出气缸、手爪提升气缸和摆动气缸的两个极限工作位置的磁感应接近开关，6B2 为安装在手指气缸工作位置上的磁感应接近开关。

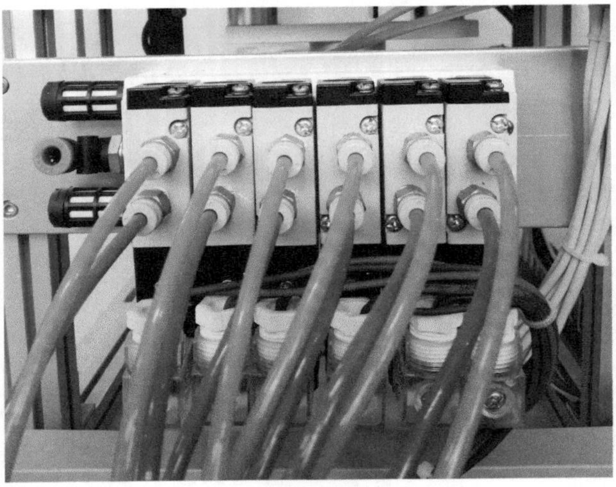

b) 检查气动控制回路

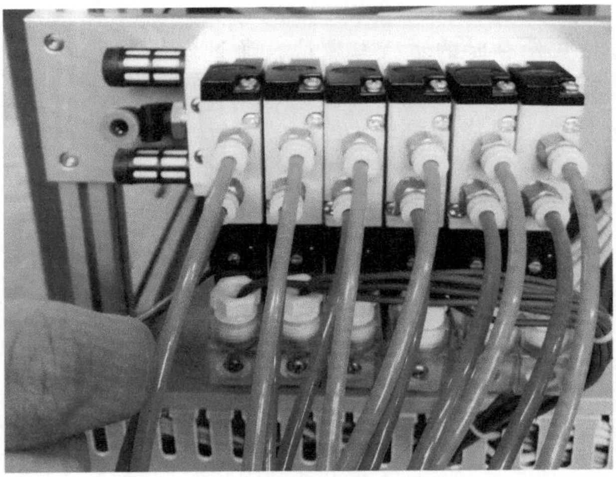

c) 压下手动换向加锁钮，观察气缸动作

图 2-54 调试装配单元的气动控制回路（续）

检查气动控制回路主要有以下几点：

1）气路连接是否完全按照自动化生产线气路图布置。

2）气管是否在快速接头中插紧，有无漏气现象。

3）气管连接走向是否合理，是否均匀美观，不交叉打结。

4）电磁阀组与气体汇流板的连接是否密封良好，有无泄漏。

用电磁阀上的手动换向加锁钮验证冲压气缸、物料台伸缩气缸和物料夹紧气缸的初始位置和动作位置是否正确。方法：用一字螺钉旋具压下手动换向加锁钮，观察气缸动作，如图 2-54c 所示。

注意：1）如果气缸动作相反，将气缸两端进气管位置颠倒即可。2）各气缸的初始位置：挡料气缸在伸出位置，手爪提升气缸在提升位置。

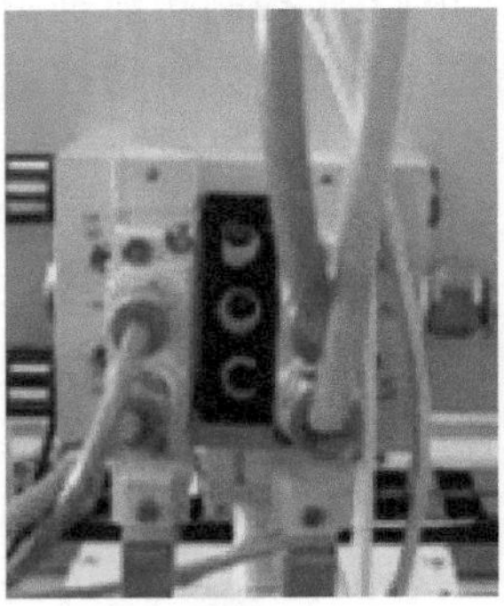

a) 拆卸已损坏的电磁阀

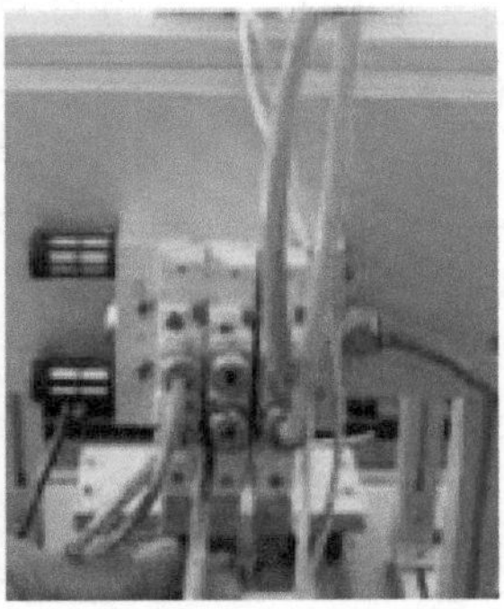

b) 安装新的电磁阀

图 2-55 更换电磁阀

电磁阀的更换步骤：

1）切断气源，在装配站汇流板上用螺钉旋具拆卸下已经损坏的电磁阀，如图 2-55a 所示。

2）用螺钉旋具安装新的电磁阀，如图 2-55b 所示。

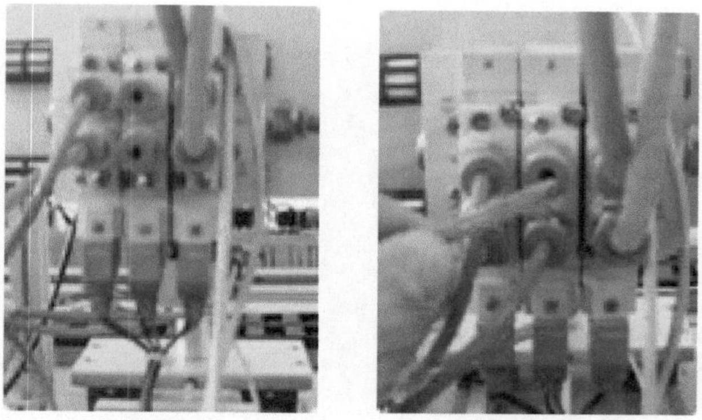

c) 将电气控制插头插入电磁阀　　d) 将气管插入电磁阀的快速接头

图 2-55 更换电磁阀（续）

3）将电气控制接头插入电磁阀，如图 2-55c 所示。

4）将气管插在电磁阀的快速接头上，如图 2-55d 所示。

5）接通气源，手动控制开关进行调试，检查气缸动作情况。

（二）检查调试装配单元的电气控制回路

a) 装配单元的接线端口

如图 2-56a 所示，在装配单元装置侧接线端口中，输入信号端子的上层端子（+24V）只能作为传感器的正电源端，切勿用于电磁阀等执行元件的负载。电磁阀等执行元件的正电源端和 0V 端应连接到输出信号端子下层的相应端子上。

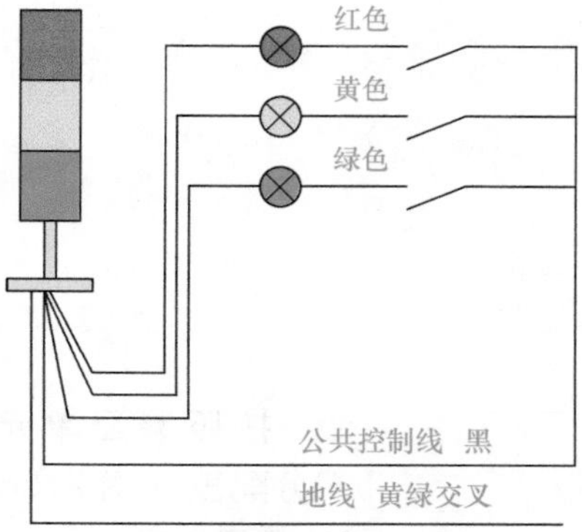

b) 警示灯引出线

图 2-56 检查装配单元的电气控制回路

警示灯有 5 根引出线，其中黄绿交叉线为接地线；红色线为红色灯控制线；黄色线为橙色灯控制线；绿色线为绿色灯控制线；黑色线为信号灯公共控制线，如图 2-56b 所示。

输入信号		
PLC 输入点	信号名称	信号来源
X000	零件不足检测	装置侧
X001	零件有无检测	
X002	左料盘零件检测	
X003	右料盘零件检测	
X004	装配台工件检测	
X005	顶料到位检测	
X006	顶料复位检测	
X007	挡料状态检测	
X010	落料状态检测	
X011	摆动气缸左限检测	
X012	摆动气缸右限检测	
X013	手爪夹紧检测	
X014	手爪下降到位检测	
X015	手爪上升到位检测	
X016	手臂缩回到位检测	
X017	手臂伸出到位检测	
X024	停止按钮	按钮/指示灯模块
X025	起动按钮	
X026	急停按钮	
X027	单站/全线	
输出信号		
PLC 输入点	信号名称	信号来源
Y000	挡料电磁阀	装置侧
Y001	顶料电磁阀	
Y002	回转电磁阀	
Y003	手爪夹紧电磁阀	
Y004	手爪下降电磁阀	
Y005	手臂伸出电磁阀	
Y006	红色警示灯	
Y007	橙色警示灯	
Y010	绿色警示灯	
Y015	HL1	按钮/指示灯模块
Y016	HL2	
Y017	HL3	

c）装配单元 PLC I/O 分配表

图 2-56　检查装配单元的电气控制回路（续）

按照装配单元 PLC 的 I/O 分配表（图 2-56c）检查接线是否正确。

（三）检查供料机构

1. 检查管形料仓传感器

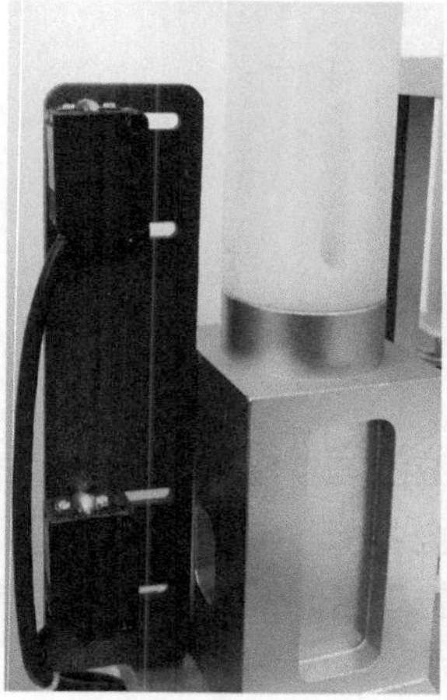

a) 没有工件的状态

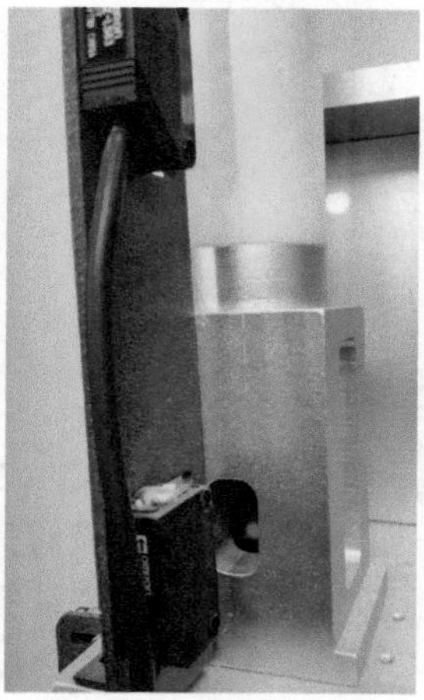

b) 有工件的状态

管形料仓底座上安装的光电开关在常态时指示灯不亮。若该部分机构底层没有工件，光电开关上的指示灯不亮，如图 2-57a 所示；若从底层起有 3 个工件，底层处光电开关亮，而第 4 层处光电接近开关不亮；若从底层起有 4 个或以上工件，两个光电开关都亮，如图 2-57b 所示。如果指示灯未按设定要求显示，则需要调整光电开关位置或者光强度。

c) 调节光电开关的灵敏度

图 2-57　检查管形料仓传感器

光电开关的灵敏度调整以能检测到黑色物料为准。料仓内没有物料，光电开关只有绿灯亮。料仓内有物料，光电开关橙色灯亮。调节距离设定旋钮，检测状态和非检测状态两点的中间位置为稳定检测物体的最佳位置，如图 2-57c 所示。

2. 检查落料机构磁性开关的位置

图 2-58　检查落料机构的磁性开关位置

如图 2-58 所示，顶料气缸行程很短，因此它上面的两个磁性开关几乎靠在一起。如果磁性开关安装位置不当，就会影响控制过程。调整磁性开关安装位置的方法是松开磁性开关的紧固螺钉，让它顺着气缸滑动，到达指定位置后，再旋紧紧固螺钉。

3. 检查顶料气缸和推料气缸的动作速度

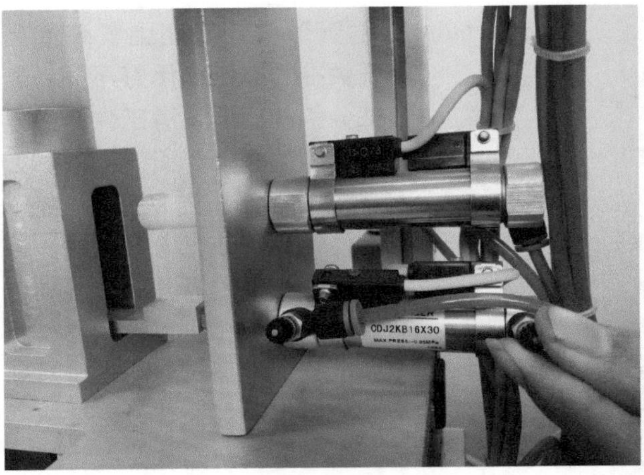

图 2-59　调节单向节流阀

如图 2-59 所示，将单向节流阀完全拧紧，然后松开一圈，手动控制阀岛，慢慢打开单向节流阀，直到达到所需的动作速度。

（四）检查回转物料台

1. 检查气动摆台位置

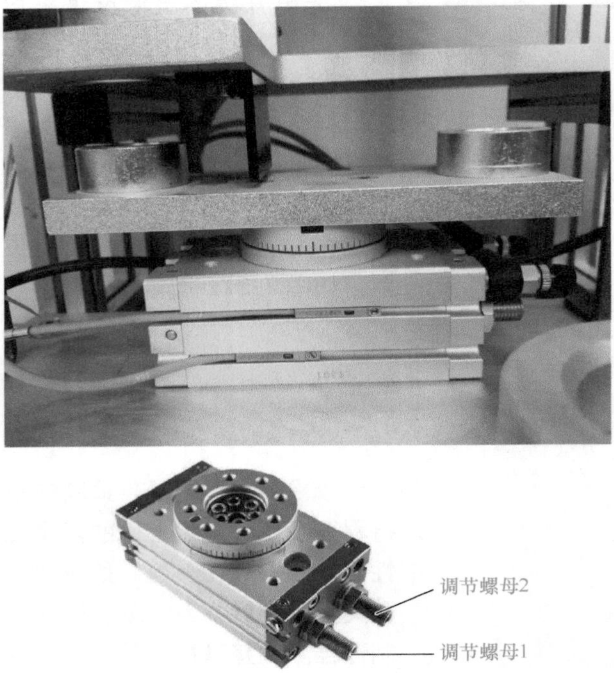

图 2-60　检查气动摆台位置

如图 2-60 所示，气动摆台的回转角度为 0°～180°，若回转角度不准确，首先松开调节螺杆上的反扣螺母，通过旋入和旋出调节螺杆，改变回转台的回转角度。调节螺母 1 和调节螺母 2 分别用于左旋和右旋角度的调整。调整好后应将反扣螺母与基体旋紧。

2. 检查回转到位磁性开关的位置

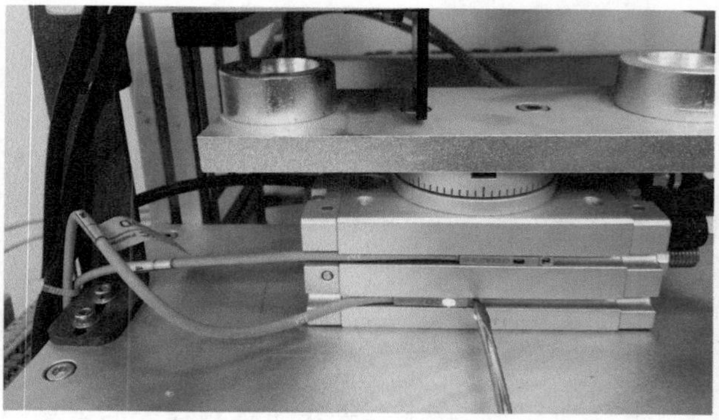

图 2-61　调节磁性开关的位置

如图 2-61 所示，气动摆台处于原位置时，调节磁性开关沿气缸轴向左右移动，直到磁性开关被触发，LED 灯亮；在同一方向上轻轻移动磁性开关，直到 LED 灯灭，用螺钉旋具将磁性开关固定在 LED 灯触发和关闭的中间位置上。同理，气动摆台旋转 180°时调整另一磁性开关。

3. 检查回转物料台物料检测传感器

a) 没有物料时只有绿灯亮

如图 2-62a 所示，若物料台上没有物料，物料检测传感器只有绿灯亮，表示没有物料。

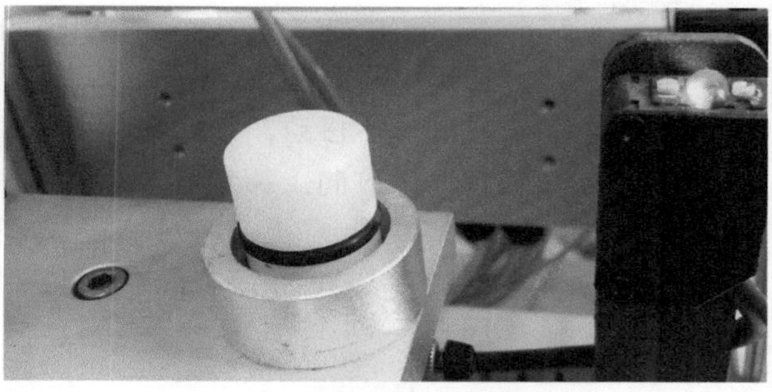

b) 有物料时橙色灯亮

图 2-62　检查回转物料台物料检测传感器

若物料台上有物料，物料检测传感器橙色灯亮，表示有物料，如图 2-62b 所示。

c) 确定最佳检测位置

图 2-62　检查回转物料台物料检测传感器（续）

以检测到物料为基准，调节距离设定旋钮（图 2-62c），检测状态和非检测状态两点的中间位置为稳定检测物体的最佳位置。

（五）检查机械手工作

1. 检查机械手指传感器灵敏度

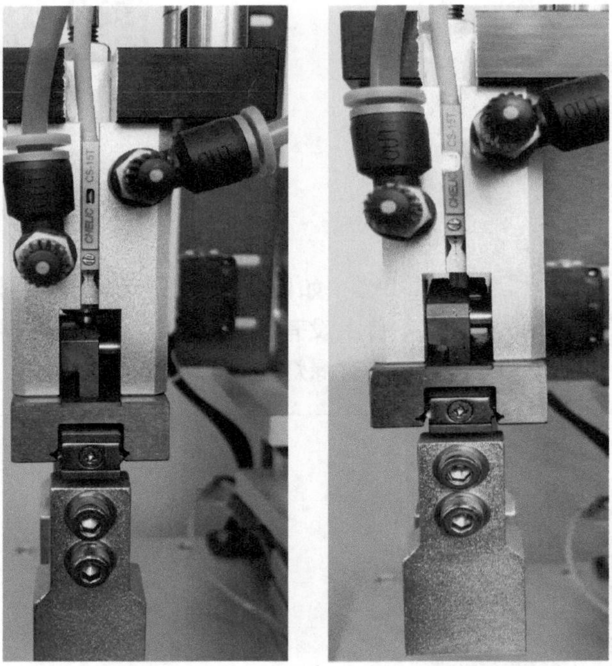

a) 气动手指未夹紧　　b) 气动手指夹紧

图 2-63　调节机械手指传感器的灵敏度

如图 2-63 所示，手动控制手指夹紧，按住传感器沿着气缸轴向上下移动，直到 LED 灯亮，在同一方向上继续移动传感器，直到 LED 灯灭，将传感器调整到触发和关闭状态的中间位置固定。

2. 检查机械手气缸定位传感器灵敏度

图 2-64　调节机械手指气缸定位传感器灵敏度

➡ 如图 2-64 所示，调节距离设定旋钮，检测状态和非检测状态两点的中间位置为稳定检测物料的最佳位置。

3. 检查机械手气缸动作速度

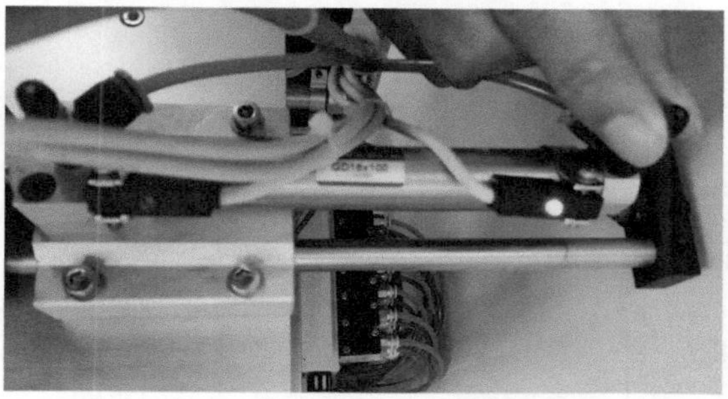

a) 调节气缸水平方向运动速度

➡ 如图 2-65a 所示，调节气缸水平方向运动速度：将单向节流阀拧紧，然后松开一圈，慢慢打开单向节流阀，直到达到所需的运动速度。

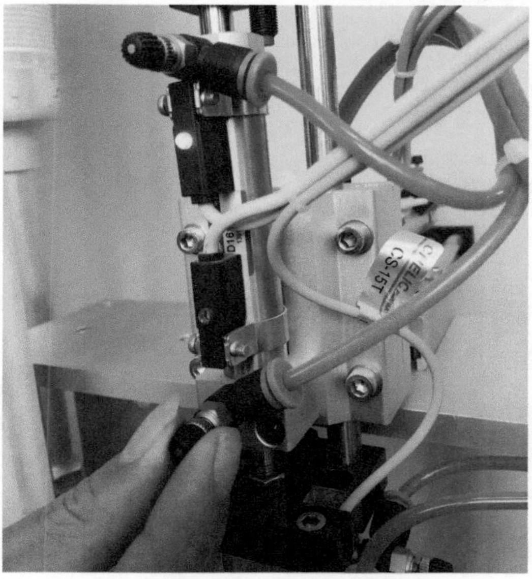

b) 调节气缸垂直方向运动速度

图 2-65　调节机械手气缸运动速度

➡ 调节气缸垂直方向运动速度：将单向节流阀完全拧紧，然后松开一圈，慢慢打开单向节流阀，直到达到所需的运动速度，如图 2-65b 所示。

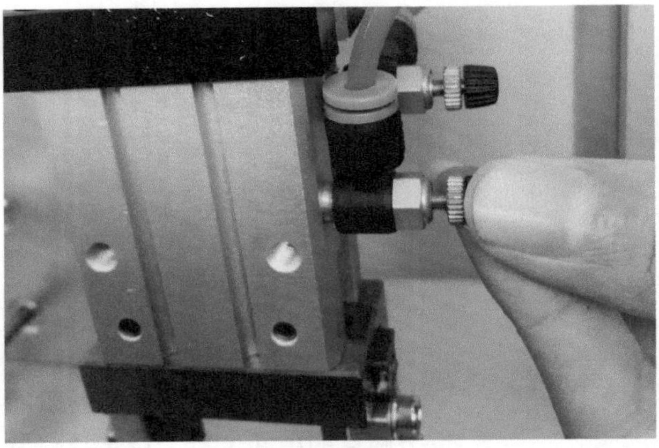

c) 调节机械手指运动速度

图 2-65　调节机械手气缸运动速度（续）

调节机械手指运动速度：将单向节流阀完全拧紧，然后松开一圈，慢慢打开单向节流阀，直到达到所需的运动速度，如图 2-65c所示。

二　起动、停止、运行调试

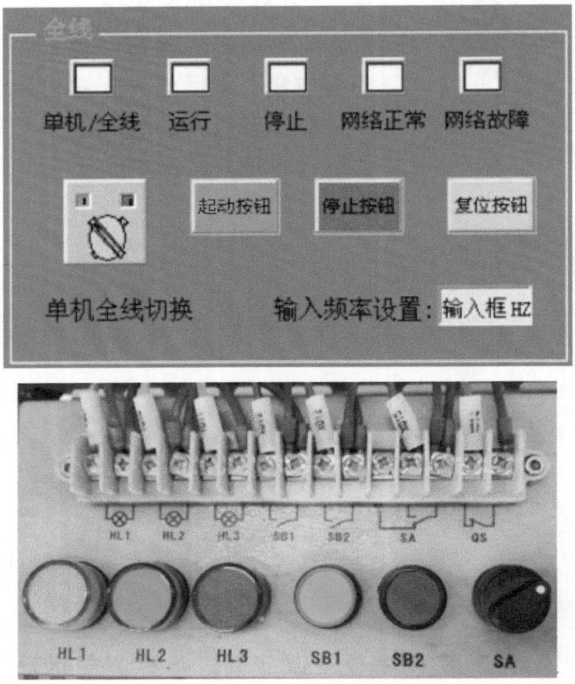

a) 选择工作方式

图 2-66　装配单元运行调试

将触摸屏上“单机全线切换”开关旋转到单机模式，“单机/全线”指示灯不亮。在按钮/指示灯模块上将选择开关 SA 旋转到右侧，置于“单站方式”位置，系统进入单站工作方式，如图 2-66a 所示。

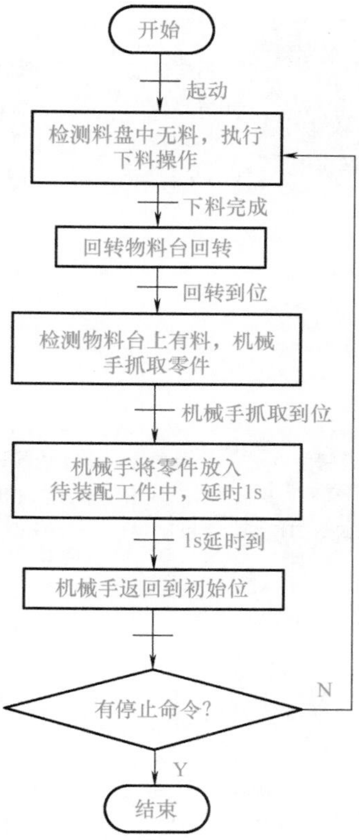

b) 装配单元工作流程

图 2-66　装配单元运行调试（续）

装配单元的工作流程介绍如下。

1）准备好设备后，按下起动按钮，绿色和黄色警示灯均常亮。

2）若回转物料台的左料盘内没有零件，就执行下料操作；若左料盘内有零件，而右料盘内没有零件，则执行回转物料台回转操作。

3）若回转物料台的右料盘内有零件且装配台上有待装配工件，装配机械手抓取零件，放入待装配工件中，完成装配工作。

4）若在运行中按下停止按钮，则供料机构立即停止供料，在装配条件满足的情况下，装配单元完成本次装配后将停止工作，如图 2-66b 所示。

在运行过程中，应该在现场时刻观察设备运行情况，一旦发生执行机构相互冲突的事件，应该及时采取措施，如急停、切断执行机构控制信号、切断气源和总电源等，以免造成设备损毁。

根据装配单元运行调试记录表（表 2-8）中的操作步骤，记录各项目的现象。

表 2-8　装配单元运行调试记录表

观察项目 操作步骤			绿色警示灯（填“亮”“灭”“1Hz 频率闪烁”“2Hz 频率闪烁”）	黄色警示灯（填“亮”“灭”“1Hz 频率闪烁”“2Hz 频率闪烁”）	红色警示灯（填“亮”“灭”“1Hz 频率闪烁”“2Hz 频率闪烁”）	挡料气缸（填“伸出”“缩回”）	顶料气缸（填“伸出”“缩回”）	气动摆台（填“旋转 180°”“回转到原位”）
下料	初始状态	在初始状态						
		不在初始状态						

（续）

观察项目 操作步骤			绿色警示灯（填“亮”“灭”“1Hz 频率闪烁”“2Hz 频率闪烁”）	黄色警示灯（填“亮”“灭”“1Hz 频率闪烁”“2Hz 频率闪烁”）	红色警示灯（填“亮”“灭”“1Hz 频率闪烁”“2Hz 频率闪烁”）	挡料气缸（填“伸出”“缩回”）	顶料气缸（填“伸出”“缩回”）	气动摆台（填“旋转180°”“回转到原位”）
下料	正常运行	按下起动按钮						
		按下停止按钮						
	急停	按下停止按钮						

观察项目 操作步骤			绿色警示灯（填“亮”“灭”“1Hz 频率闪烁”）	黄色警示灯（填“亮”“灭”“1Hz 频率闪烁”）	红色警示灯（填“亮”“灭”“1Hz 频率闪烁”）	升降气缸（填“伸出”“缩回”）	伸缩气缸（填“伸出”“缩回”）	气动手指（填“夹紧”“松开”）
抓料	初始状态	在初始状态						
		不在初始状态						
	正常运行	按下起动按钮						
		按下停止按钮						
	急停	按下停止按钮						

任务评价

请填写运行调试装配单元的学习评价表（表 2-9）。

表 2-9　运行调试装配单元的学习评价表

评价时间：　　年　　月　　日

序号	工作内容	评价要点	配分	学生自评	学生互评	教师评分
1	顶料气缸和挡料气缸	能判断顶料气缸和挡料气缸是否准备就绪，并且能调节至就绪状态	10			
2	物料不足检测传感器及缺料检测传感器	能判断物料不足检测传感器及缺料检测传感器工作是否正常，会调节这两个传感器的灵敏度	10			
3	回转物料台物料检测传感器	能判断回转物料台检测传感器工作是否正常，会调整漫射式传感器的灵敏度	5			

（续）

序号	工 作 内 容	评 价 要 点	配分	学生自评	学生互评	教师评分
4	光纤传感器	能判断料斗光纤传感器工作是否正常，会调整光纤传感器	5			
5	I/O 接线	能根据 I/O 接线图检查 PLC 的 I/O 接线是否正确	5			
6	单站方式	能将装配单元设置成单站运行方式	5			
7	供料充足运行调试	满足控制要求	20			
8	供料不足运行调试	满足控制要求	20			
9	缺料运行调试	满足控制要求	20			
合计			100			

知识链接

认识光纤传感器

1. 光纤传感器的特点

如图 2-67 所示，光纤传感器是光电传感器的一种。光纤传感器具有下述优点：抗电磁干扰、可工作于恶劣环境，传输距离远，使用寿命长。此外，由于光纤头具有较小的体积，所以可以安装在狭小的空间里。

2. 光纤传感器的结构

光纤传感器主要由光纤检测头、放大器两个分离的部分组成，光纤检测头的尾端分成两条光纤，使用时分别插入放大器的两个光纤孔，光纤插入的示意图如图 2-68 所示。连接或拆卸光纤时，一定要断开电源。放大器在连接光纤的情况下，不要从 DIN 导轨上拆卸下来。

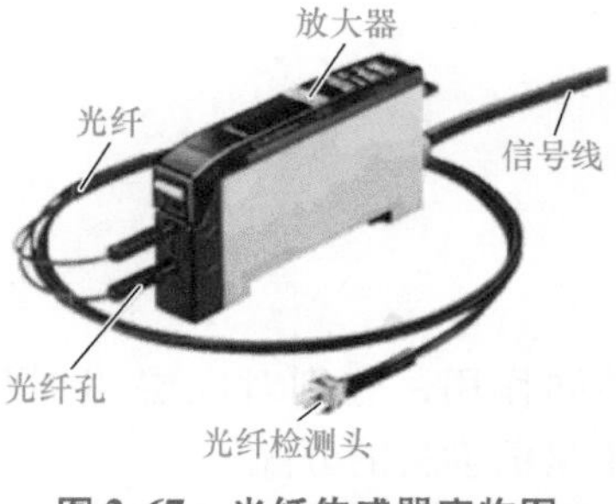

图 2-67　光纤传感器实物图

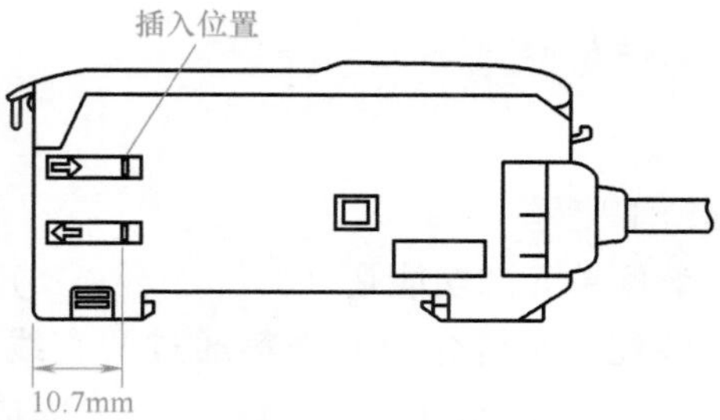

图 2-68　光纤传感器光纤插入示意图

3. 光纤传感器的调整

光纤传感器的放大器的灵敏度调节范围较大。图 2-69 给出了放大器单元的面板结构图，调节中部的 8 旋转灵敏度高速旋钮就能进行放大器灵敏度调节（顺时针旋转灵敏度增大）。调节时，会看到“入光量显示灯”发光的变化。当探测器检测到物料时，

“动作显示灯”会亮，提示检测到物料。

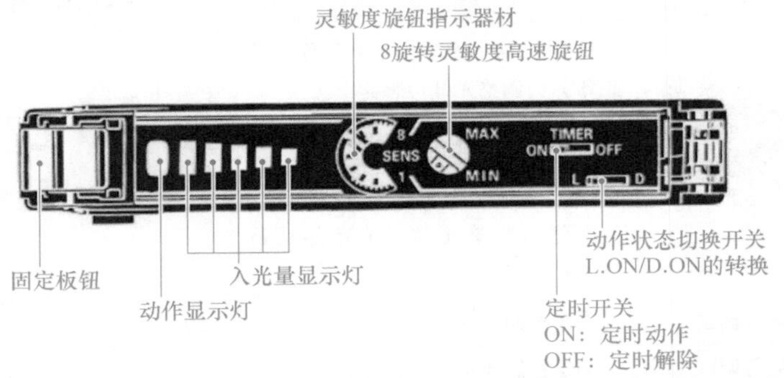

图 2-69　光纤传感器放大器单元的面板结构图

4. 光纤传感器的安装

E3X-NA11 型光纤传感器电路框图如图 2-70 所示，接线时请注意根据导线颜色判断电源极性和信号输出线，切勿把信号输出线直接连接到电源 +24V 端。褐色接电源正极，蓝色接电源负极，黑色为输出端。

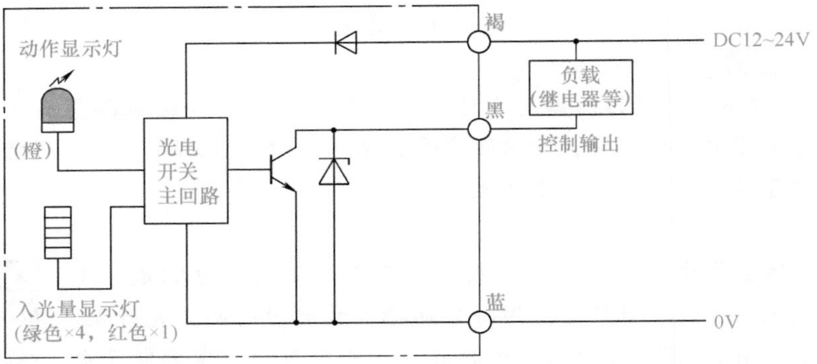

图 2-70　E3X-NA11 型光纤传感器电路框图

自我测试

一、填空题

1. 装配单元的功能是（　　　　　　）。

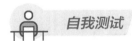

2. 装配单元料仓中的物料通过两直线气缸的共同作用，分别对底层相邻两物料（　　　　　　）与（　　　　　　），完成对连续下落的物料的分配。

3. 光纤传感器由（　　　　　　）、（　　　　　　）两个分离的部分组成，光纤检测头的尾端分成（　　　　　　），使用时分别插入放大器的两个（　　　　　　）。

4. 料仓底座的背面安装了两个直线气缸，上面的气缸称为（　　　　　　），下面的气缸称为（　　　　　　）。

5. 顶料气缸的初始位置在（　　　　　　），挡料气缸的初始位置在（　　　　　　）。

6. 为了确定装配台料斗内是否有待装配工件，使用（　　　　　）进行检测。

7. 回转物料台的主要器件是（　　　　　），它是由直线气缸驱动齿轮齿条实现回转运动，回转角度能在（　　　　　）和（　　　　　）之间任意可调，而且可以安装磁性开关，检测旋转到位信号，多用于方向和位置需要变换的机构。

8. 装配单元各气缸的初始位置为：挡料气缸处于（　　　　　）状态，顶料气缸处于（　　　　　）状态，料仓上已经有足够的小圆柱零件；装配机械手的升降气缸处于（　　　　　）状态，伸缩气缸处于（　　　　　）状态，气爪处于（　　　　　）状态。

9. 管形料仓、旋转物料台中的漫射式光电接近开关的灵敏度调整应以能检测到（　　　　　）为准。

10. 光电开关在安装时，（　　　　　）色线接 PLC 输入模块电源正端，（　　　　　）色线接 PLC 输入模块电源负端，（　　　　　）色线接 PLC 信号输入端。

11. 装配单元的工作过程包括 2 个相互独立的子过程，一个是（　　　　　）过程，另一个是装配过程。

12. 供料时，在小圆柱零件从料仓下落到左料盘的过程中，禁止（　　　　　）；反之，在摆台转动过程中，禁止（　　　　　）。

二、判断题

1. 磁性开关在生产线中用于气缸的伸出或缩回的检测。（　　）
2. 磁性开关的位置要根据控制对象的要求调整。（　　）
3. 管形料仓上光电传感器的灵敏度调整应以能检测到黑色物料为准。（　　）
4. 回转物料台气动摆台能驱动料盘旋转 90°。（　　）
5. 装配机械手是整个装配单元的核心。（　　）
6. 为了能对料仓供料不足和缺料时报警，在塑料圆管底部和底座处分别安装了 2 个漫射式光电接近开关（E3Z-L 型）。（　　）
7. 装配单元的阀组由 6 个二位五通双电控电磁换向阀组成。（　　）
8. 装配单元中气缸的初始位置，其中挡料气缸在伸出位置，手爪提升气缸在提起位置。（　　）
9. 光纤传感器进行连接或拆卸光纤时，一定要断开电源。（　　）

三、简答题

1. 简述装配单元的功能。
2. 简述光纤传感器的特点。
3. 简述气动摆台的调节方法。

项目四

分拣单元的运行与调试

学习目标

1. 了解分拣单元的功能。
2. 认识分拣单元的各个组成部分。
3. 了解分拣单元的工作过程。
4. 会检查分拣单元的电气和气动线路的故障。
5. 能将分拣单元的各传感器调整至正常状态。
6. 能解决分拣单元在运行过程中出现的常见问题。

项目简介

在自动化生产中，工件组装后的成品往往需要进行分类打包。YL-335B 型自动化生产线实训考核装备中的分拣单元模拟了实际生产中分拣工件的工作，将不同类型的工件区分开来，便于后续的处理。

任务一　认识分拣单元

任务目标

1. 能说出分拣单元的功能。
2. 能指出分拣单元的各个组成部分。
3. 能叙述分拣单元的工作过程。

任务描述

分拣单元是 YL-335B 型自动化生产线中最后一个单元，它完成对已加工工件的分拣，使不同颜色不同材质的工件分流到不同的物料槽中。通过学习，能对分拣单元的功能、主要结构及工作过程有初步的认识。

任务实施

一　分拣单元的功能

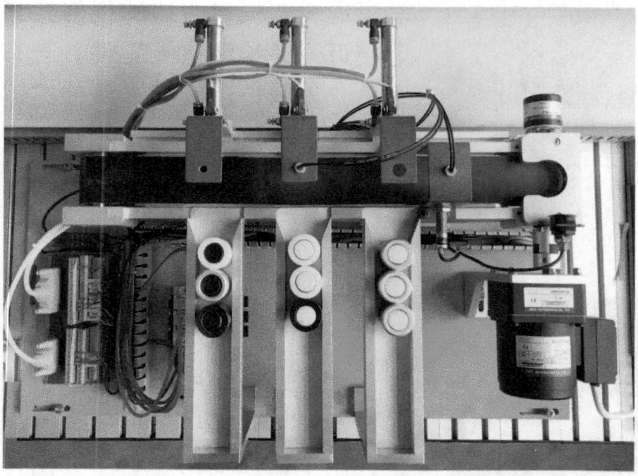

图 2-71　分拣单元装置图

如图 2-71 所示，分拣单元是 YL-335B 中的最后一个单元，完成对上一单元送来的已加工、装配的工件进行分拣，使不同颜色的工件从不同的料槽进行分流。

二 分拣单元的主要结构

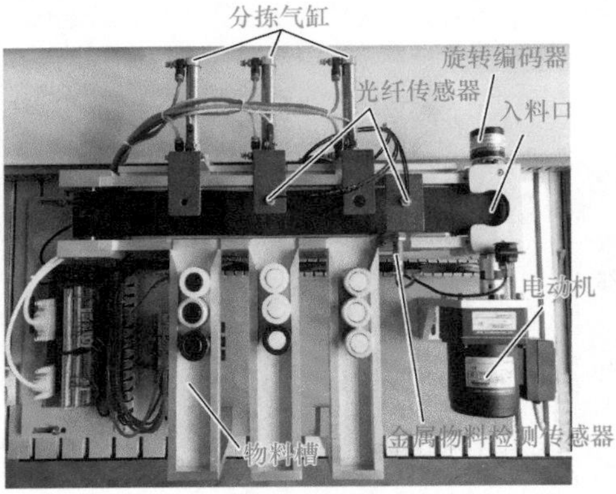

图 2-72 分拣单元的主要结构

如图 2-72 所示，分拣单元的结构组成包括旋转编码器、光纤传感器、金属物料检测传感器、入料检测装置、电动机、分拣气缸、物料槽、变频器模块、电磁阀组、接线端口和底板等。

三 分拣单元各部件的工作原理

（一）入料检测装置

图 2-73 入料检测装置

如图 2-73 所示，入料检测装置通过入料口旁边的漫射式光电接近开关检测有无工件。若有工件，入料口漫射式光电传感器的橙色 LED 亮。

（二）传送机构

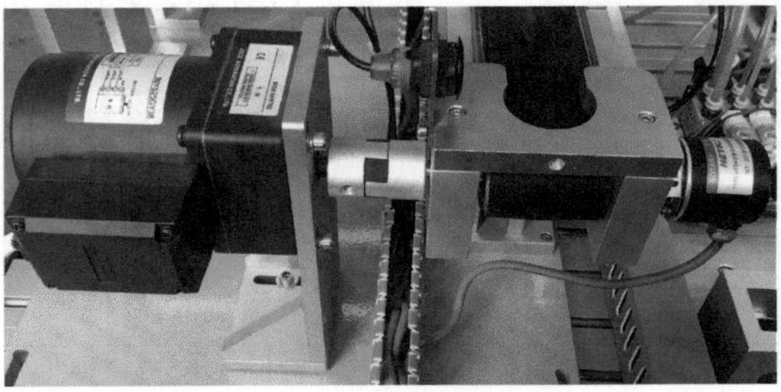

图 2-74 传送机构

如图 2-74 所示，传送机构通过三相减速电动机拖动传送带，用于输送物料。它主要由传送带、三相减速电动机及安装装置组成。是否起动传送机构取决于入料口上是否有工件，一旦有工件，即刻起动传送机构。

（三）分拣机构

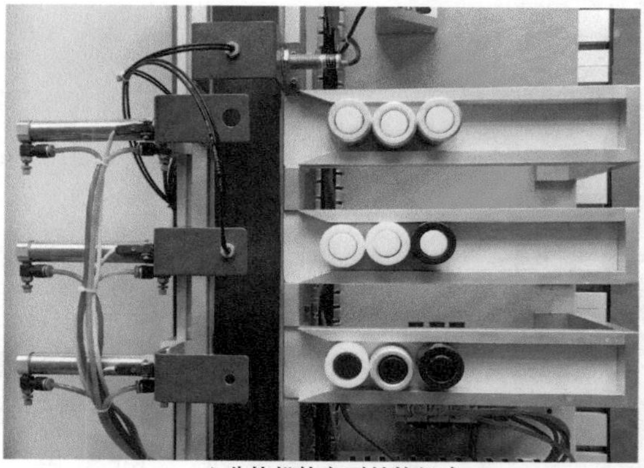

a) 分拣机构主要结构组成

如图 2-75a 所示，分拣机构主要由属性检测（电感式和光纤）传感器、推料（分拣）气缸及磁性开关组成。它的功能是把已经加工、装配好的工件通过传送机构传送至属性检测传感器，通过属性检测传感器的检测，确定工件的属性，然后按工作任务要求进行分拣，把不同类别的工件推入三条物料槽中。

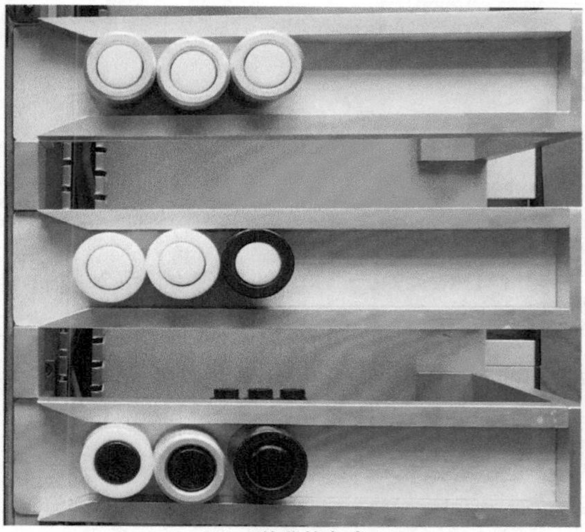

b) 工件分拣方式

如图 2-75b 所示，通过属性检测传感器分拣出白芯金属工件、白芯塑料工件、黑芯工件。属性检测传感器通过两级检测实现。

c) 第一级属性检测传感器工作

图 2-75　分拣机构

如图 2-75c 所示，第一级属性检测传感器，用于检测金属工件和白芯工件。

若为金属工件，通过旁边的金属检测传感器检测时，传感器 LED 灯变亮。

上方的光纤传感器用于检测是否为白芯，若为白芯，则该光纤传感器放大器单元上的橙色 LED 灯亮。

d) 第二级属性检测传感器工作

如图 2-75d 所示，第二级属性检测传感器，用于检测黑芯工件，若为黑芯，则该光纤传感器放大器单元上的橙色 LED 灯亮。

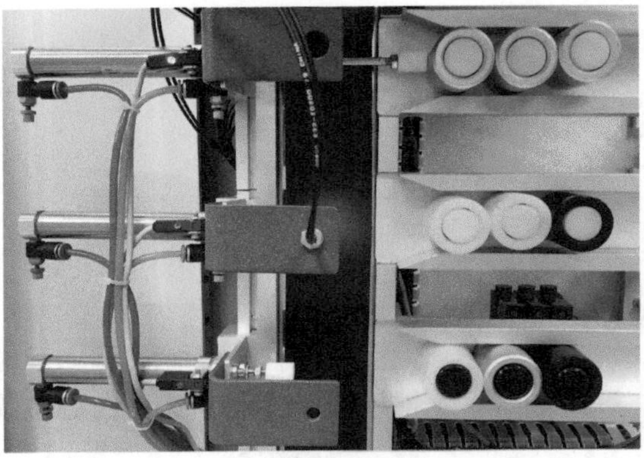

e) 1号推料气缸工作

当第一级的两个属性传感器检测到金属工件及白芯工件时，即该工件为金属小白料，则由 1 号推料气缸将工件推进 1 号槽中，如图 2-75e 所示。

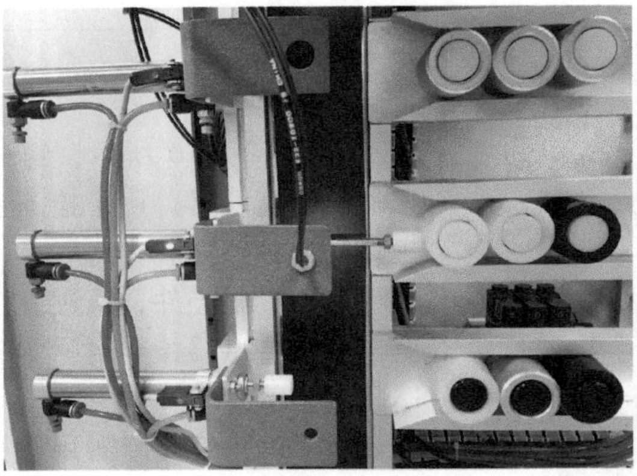

f) 2号推料气缸工作

图 2-75　分拣机构（续）

若第一级的属性传感器检测不到金属工件，即为塑料工件，但检测到小圆柱工件为白芯工件，该工件为非金属小白料，则由 2 号推料气缸将工件推进 2 号槽中，如图 2-75f 所示。

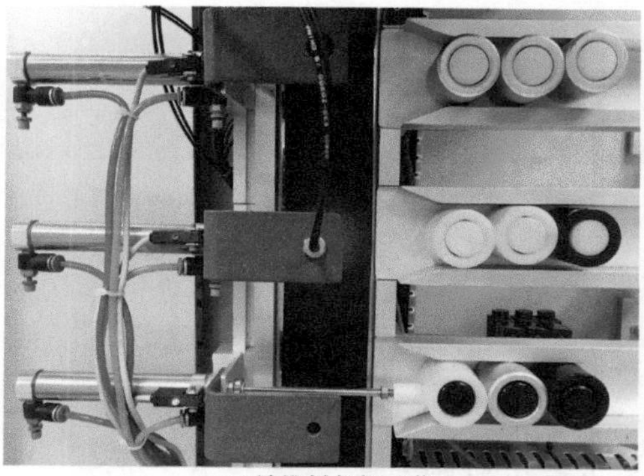

g) 3号推料气缸工作

图 2-75　分拣机构（续）

若第一级的属性传感器检测不到白芯工件，而第二级的属性传感器检测到黑芯工件，则由3号推料气缸将工件推进3号槽中，如图2-75g所示。

（四）电磁阀组

图 2-76　电磁阀组

如图2-76所示，分拣单元的电磁阀组使用了3个二位五通的带手控开关的单电控电磁阀，这3个电磁阀分别对3个出料槽的推动气缸的气路进行控制。

任务评价

请填写认识分拣单元学习评价表（见表2-10）。

表 2-10　认识分拣单元学习评价表

评价时间：　　年　　月　　日

序号	工作内容	评价要点	配分	学生自评	学生互评	教师评分
1	分拣单元的功能	能说出分拣单元的功能	10			
2	分拣单元的主要结构	能说出分拣单元的主要结构	10			
3	入料检测装置	能说出入料检测装置的功能、组成元件名称及作用	25			
4	传送机构	能说出传送机构的功能、组成元件名称及作用	25			
5	分拣机构	能说出分拣机构的功能、组成元件名称及作用	30			
合计			100			

任务二　运行调试分拣单元

任务目标

1. 能检查分拣单元的电气和气动线路的故障。
2. 能调整分拣单元的各传感器至正常状态。
3. 能解决分拣单元在运行过程中出现的常见问题。
4. 能使分拣单元正常运行。

任务描述

本任务通过对分拣单元气动控制回路、电气连接的调试以及各传感器的调整，使分拣单元在 YL-335B 型自动化生产线上正常运行。

任务实施

一　运行前就绪调试

（一）调试分拣单元的气动控制回路

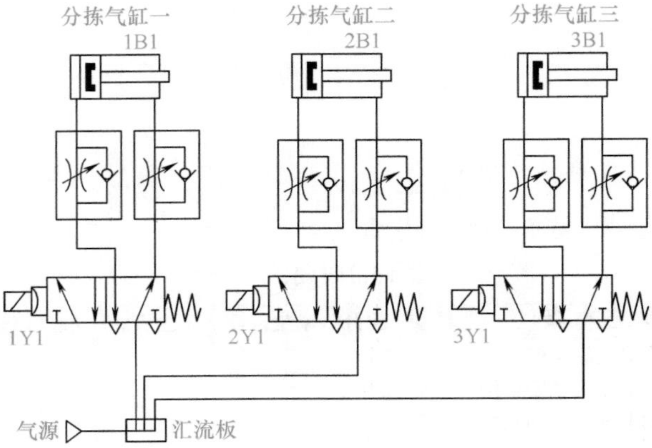

a）分拣单元的气路连接图

图 2-77　调试分拣单元的气动控制回路

如图 2-77a 所示，按照自动化生产线气路连接图检查气路连接是否正确。

1B1、2B1 和 3B1 分别为安装在三个分拣气缸的极限工作位置的磁感应接近开关，1Y1、2Y1 和 3Y1 分别为控制三个分拣气缸的电磁阀的电磁控制端。

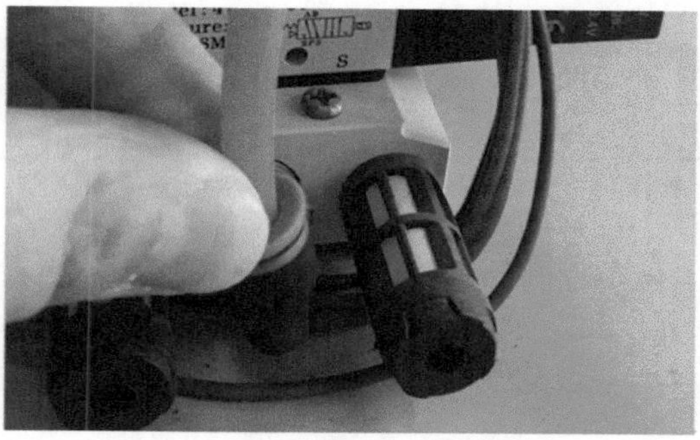

b) 检查气管是否漏气

如图 2-77b 所示，检查气管是否在快速接头中插紧，有无漏气现象。

c) 验证分拣气缸的初始位置和动作位置

用电磁阀上的手动换向加锁钮验证三个分拣气缸的初始位置和动作位置是否正确。方法：用一字螺钉旋具压下手动换向加锁钮，观察气缸动作，如图 2-77c 所示。

d) 调节气缸的往复运动速度

如图 2-77d 所示，调整气缸节流阀以控制活塞杆的往复运动速度，伸出速度以不推倒工件为准。如果气缸动作相反，将气缸两端进气管位置颠倒即可。

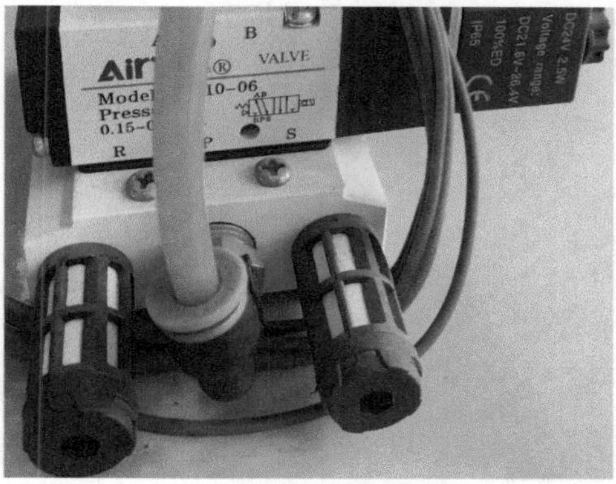

e) 检查电磁阀组的连接

图 2-77　调试分拣单元的气动控制回路（续）

如图 2-77e 所示，检查电磁阀组与气体汇流板的连接是否密封良好，有无泄漏现象。

(二) 调试分拣单元的电气控制回路

输入信号		
PLC 输入点	信号名称	信号来源
X000	旋转编码器 B 相	装置侧
X001	旋转编码器 A 相	
X002	旋转编码器 Z 相	
X003	进料口工件检测	
X004	电感式传感器	
X005	光纤传感器	
X007	推杆 1 推出到位	
X010	推杆 2 推出到位	
X011	推杆 3 推出到位	
X012	起动按钮	按钮/指示灯模块
X013	停止按钮	
X014	急停按钮	
X015	单站/全线	
输出信号		
PLC 输出点	信号名称	信号来源
Y000	STF	变频器
Y001	RH	变频器
Y004	推杆 1 电磁阀	
Y005	推杆 2 电磁阀	
Y006	推杆 3 电磁阀	
Y007	HL1	按钮/指示灯模块
Y010	HL2	
Y011	HL3	

a) PLC 的 I/O 分配表

如图 2-78a 所示，按照分拣单元 PLC 的 I/O 分配表检查接线是否正确。

b) 电缆连接

图 2-78 调试分拣单元的电气控制回路

如图 2-78b 所示，分拣单元装置侧的接线端口和 PLC 侧的接线端口之间通过专用电缆连接。其中 25 针接头电缆连接 PLC 的输入信号，15 针接头电缆连接 PLC 的输出信号。

c) 输入信号连接

注意：分拣单元装置侧接线端口中，输入信号端子的上层端子（+24V）只能作为传感器的正电源端，切勿用于电磁阀等执行元件的负载。电磁阀等执行元件的正电源端和 0V 端应连接到输出信号端子下层的相应端子上。

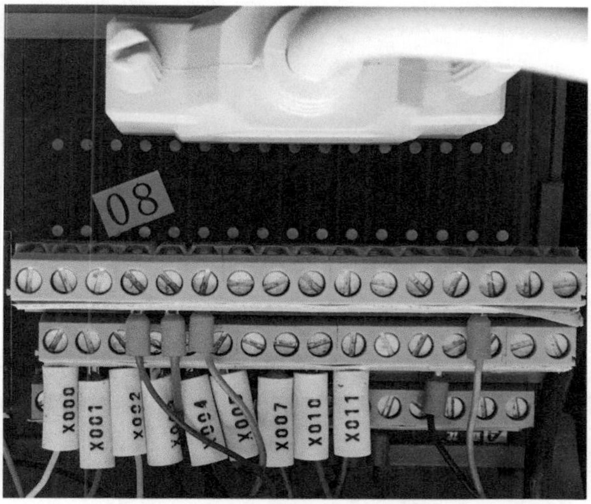

d) 端子功能标注

如图 2-78d 所示，仔细辨明原理图中的端子功能标注。

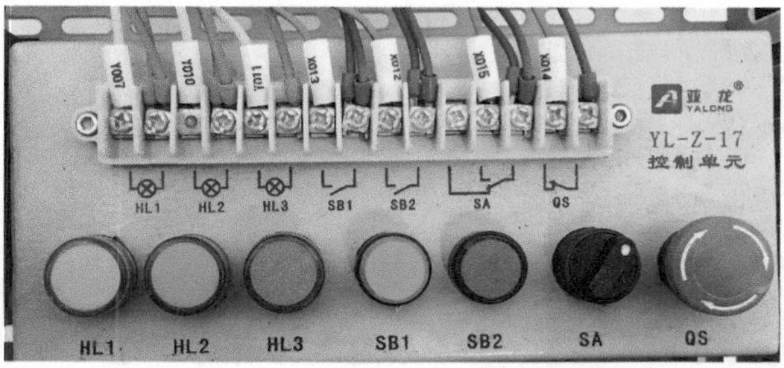

e) 选择工作方式

图 2-78　调试分拣单元的电气控制回路（续）

在按钮/指示灯模块上将开关 SA 旋转到右侧，选择“单站方式”，如图 2-78e 所示。

（三）检查调试各传感器

1. 检查三个分拣气缸

（1）检查分拣气缸的磁性开关安装位置

图 2-79 调整分拣气缸的磁性开关的安装位置

分拣气缸处于伸出位置时，调整各自的伸出磁性开关，直到磁性开关的 LED 亮，此时为磁性开关安装的合适位置，用螺钉旋具旋紧固定螺钉即可，如图 2-79 所示。

（2）调节分拣气缸的动作速度

图 2-80 调节分拣气缸的动作速度

通过调节各自的节流阀来调整气缸的伸出和缩回速度，如图 2-80 所示。

2. 检查入料口检测传感器

（1）检查入料口检测传感器的安装位置

图 2-81 检查入料口检测传感器安装位置

如图 2-81 所示，在入料口安装传感器，以检测到物料为准。

（2）调节入料口检测传感器的灵敏度

图 2-82　调节入料口检测传感器的灵敏度

如图 2-82 所示，在入料口上放置工件，此时调节入料口检测传感器的灵敏度调节旋钮，正好使橙色 LED 灯亮，同时要确保撤去工件，橙色 LED 灯灭。

3. 检查金属物料检测传感器的安装位置

图 2-83　检查金属物料检测传感器的安装位置

如图 2-83 所示，放置金属工件，其位置必须正对入料口的定位 U 型板，通过旋转位于 U 型板侧面的固定金属物料检测传感器的螺钉，使其红色 LED 灯亮；同时，移开金属工件，接近开关的红色 LED 灯灭，此时为金属物料检测传感器安装的合适位置。

4. 检查白芯和黑芯工件检测传感器

（1）检查白芯工件检测传感器的安装位置

图 2-84　检查白芯工件检测传感器的安装位置

在 U 型板的正上方安装好白芯工件检测传感器（光纤传感器），如图 2-84 所示。

（2）调节白芯工件检测传感器的灵敏度

a) 橙色LED灯亮

如图 2-85 所示，在白芯工件检测传感器下方放置白芯工件，调节光纤传感器的放大器单元中的灵敏度旋钮，直至橙色 LED 灯亮。

b) 放入黑芯工件

c) 橙色LED灯灭

图 2-85　调节白芯工件检测传感器的灵敏度

当放置黑芯工件时，此时白芯工件检测传感器的放大器单元中的橙色 LED 灯灭。

（3）检查黑芯工件检测传感器的安装位置

图 2-86　检查黑芯工件检测传感器的安装位置

在第二级属性检测传感器的位置上安装好黑芯工件检测传感器，如图 2-86 所示。

（4）调节黑芯工件检测传感器灵敏度

a) 橙色LED灯亮

如图 2-87 所示，在黑芯工件检测传感器（光纤传感器）的下方放置黑芯工件，调节光纤传感器的放大器单元中的灵敏度旋钮，调节至橙色 LED 灯亮。

b) 放入白芯工件

c) 橙色LED灯灭

图 2-87　调节黑芯工件检测传感器的灵敏度

当放置白芯工件时，此时黑芯工件检测传感器的放大器单元中的橙色 LED 灯灭。

二　起动、停止运行调试

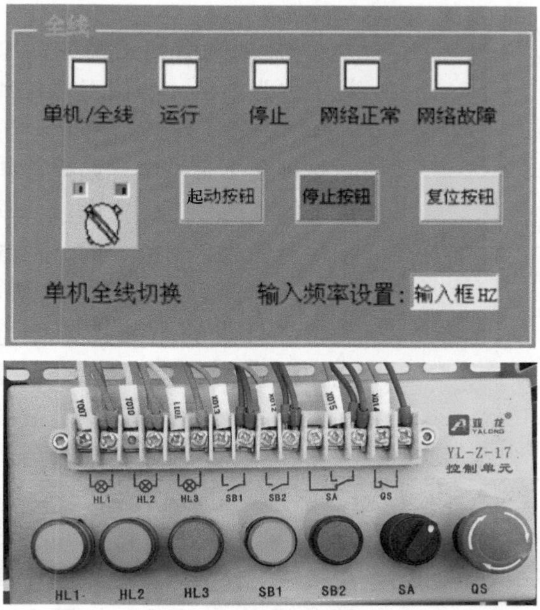

a) 选择工作方式

图 2-88　分拣单元的起动、停止运行调试

将触摸屏上“单机全线切换”开关旋转到单机模式，“单机/全线”指示灯不亮。在按钮/指示灯模块上将选择开关 SA 旋转到右侧，置于“单站方式”位置，系统进入单站工作方式，如图 2-88a 所示。

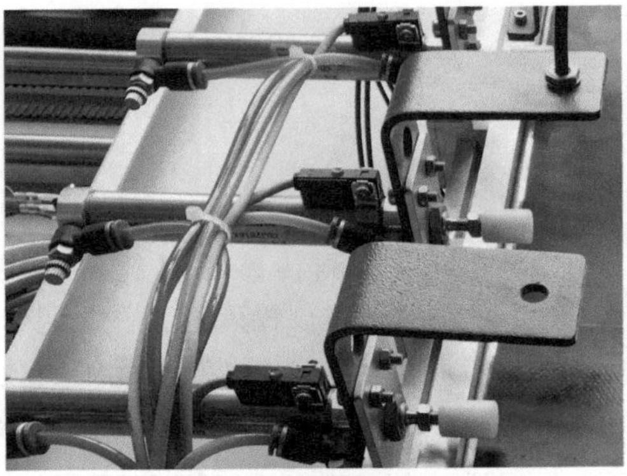

b) 分拣气缸通电

将设备上电并和气源接通，三个分拣气缸处于初始位置，如图 2-88b 所示。

分拣单元的工作流程介绍如下。

1）设备准备好后，按下起动按钮 SB1，设备运行指示灯 HL2 常亮。

2）当在传送带入料口人工放置已装配好的工件时，变频器即可启动，驱动传动电动机以频率为 30Hz 的速度，把工件带往分拣区。

3）如果金属工件中的小圆柱工件为白色，则该工件对到达 1 号槽中间，传送带停止，工件对被推到 1 号槽中；如果塑料工件上的小圆柱工件为白色，则该工件对到达 2 号槽中间，传送带停止，工件对被推到 2 号槽中；如果工件上的小圆柱工件为黑色，则该工件对到达 3 号槽中间，传送带停止，工件对被推到 3 号槽中。工件被推出槽后，一个工件分拣周期结束。

4）如果在运行期间按下停止按钮，分拣单元在本工作周期结束后停止运行，如图 2-88c 所示。

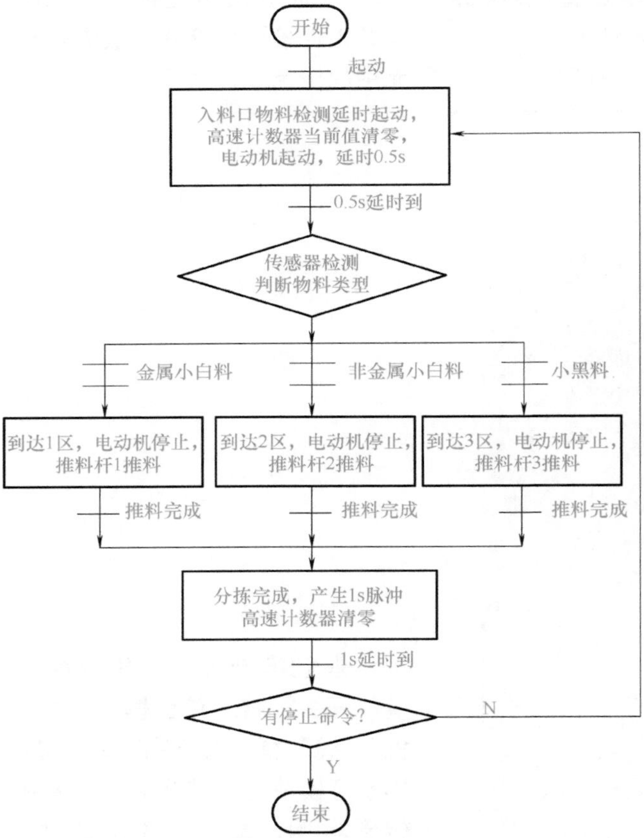

c) 分拣单元工作流程图

图 2-88　分拣单元的起动、停止运行调试（续）

在运行过程中，应该在现场时刻观察设备的运行情况，一旦发生执行机构相互冲突的事件，应该及时采取措施，如急停、切断执行机构控制信号、切断气源和总电源等，以免造成设备的损毁。

根据分拣单元运行调试记录表（表 2-11）中的操作步骤，记录各项目的现象。

表 2-11 分拣单元运行调试记录表

操作步骤 \ 观察项目		指示灯 HL1 显示情况（填“亮”“灭”“1Hz 频率闪烁”“2Hz 频率闪烁”）	指示灯 HL2 显示情况（填“亮”“灭”“1Hz 频率闪烁”“2Hz 频率闪烁”）	分拣气缸 1（填“推料伸出”“推料缩回”）	分拣气缸 2（填“推料伸出”“推料缩回”）	分拣气缸 3（填“推料伸出”“推料缩回”）
入料口放入金属小白料	按下起动按钮					
	按下停止按钮					
入料口放入非金属小白料	按下起动按钮					
	按下停止按钮					
入料口放入小黑料	按下起动按钮					
	按下停止按钮					

任务评价

请填写运行调试分拣单元的学习评价表（表 2-12）。

表 2-12 运行调试分拣单元的学习评价表

评价时间：　　年　　月　　日

序号	工作内容	评价要点	配分	学生自评	学生互评	教师评分
1	分拣气缸	能判断三个分拣气缸是否准备就绪，并且能调节至就绪状态	10			
2	入料口检测传感器	能判断入料口检测传感器工作是否正常，会调节入料口检测传感器的灵敏度	5			
3	金属物料检测传感器	能判断金属物料检测传感器工作是否正常，会调整金属物料传感器	5			
4	黑白芯工件检测传感器	能判断白芯工件检测传感器和黑芯工件检测传感器的工作是否正常，会调整这两个光纤传感器	10			
5	I/O 接线	能根据 I/O 接线图检查 PLC 的 I/O 接线是否正确	5			
6	单站方式	能将分拣单元设置成单站运行方式	5			

（续）

序号	工 作 内 容	评 价 要 点	配分	学生自评	学生互评	教师评分
7	金属小白料运行调试	满足控制要求	20			
8	非金属小白料运行调试	满足控制要求	20			
9	小黑料运行调试	满足控制要求	20			
合计			100			

知识链接

一、认识变频器

1. FR-E740 系列变频器的外观及型号

在 YL-335B 型自动化生产线设备中，变频器选用三菱 FR-E700 系列变频器中的 FR-E740-0.75k-CHT 型变频器，该变频器额定电压等级为三相 400V，适用于容量为 0.75kW 及以下的电动机。FR-E700 系列变频器的外观和型号定义如图 2-89 所示。

a) FR-E700变频器外观　　b) 变频器型号定义

图 2-89　FR-E700 系列变频器外观及型号定义

2. FR-E700 系列变频器的操作面板

使用变频器之前，要熟悉它的面板显示和键盘操作单元（或称控制单元），并且按使用现场的要求合理设置参数。使用操作面板可以进行运行方式和频率的设定、运行指令监视、参数设定、错误表示等。FR-E700 操作面板如图 2-90 所示，其上半部为面板显示器，下半部为 M 旋钮和各种按键。

二、认识光电编码器

1. 光电编码器的作用

光电编码器是通过光电转换，将输出至轴上的机械、几何位移量转换成脉冲或数字信号的传感器，主要用于速度或位置（角度）的检测。光电编码器的外形与结构如图 2-91所示。

测转速：通过计算每秒钟光电编码器输出脉冲的个数（或数据变化速度），就能反

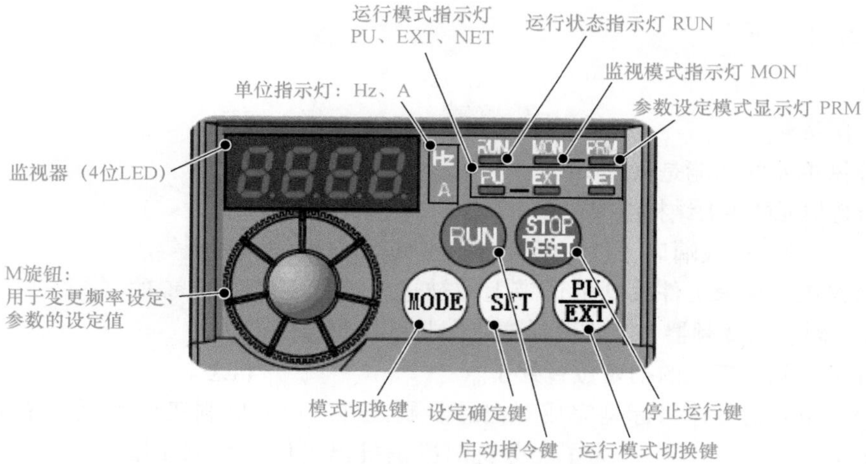

图 2-90 FR-E700 的操作面板

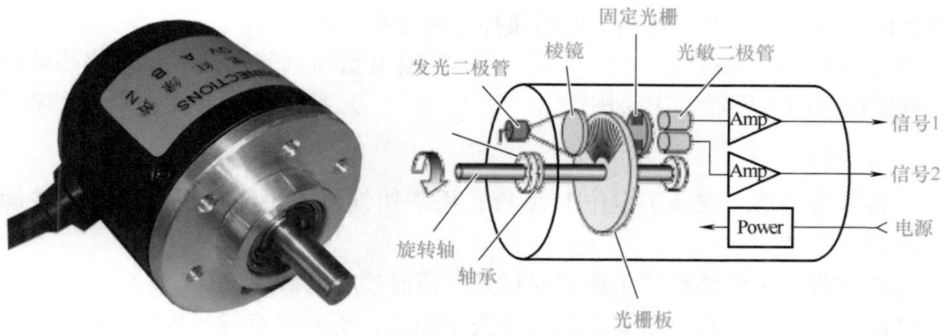

图 2-91 光电编码器的外形与结构

映出当前电动机的转速。

测位移：如果能够确定每转一圈代表的位移量，就能够通过测量脉冲的个数（或当前值）来计算位移。

2. 光电编码器的分类

根据检测原理，编码器可分为光学式、磁式、感应式和电容式；根据其刻度方法及信号输出形式，可分为增量式、绝对式和混合式。

3. 光电编码器的应用

YL-335B 型自动化生产线的分拣单元使用了这种具有 A、B 两相 90°相位差的通用型旋转编码器，用于计算工件在传送带上的位置。编码器直接连接到传送带主动轴上。该旋转编码器的三相脉冲采用 NPN 型集电极开路输出，分辨率为 500 线，工作电源为直流 12～24V。本工作单元没有使用 Z 相脉冲，A、B 两相输出端直接连接到 PLC（FX2N-32MR）的高速计数器输入端。计算工件在传送带上的位置时，需确定每两个脉冲之间的距离（即脉冲当量）。

自我测试

一、填空题

1. 分拣单元的功能是（　　　　　　）。

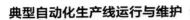

2. 分拣单元的主要结构组成：（　　　　　　），（　　　　　　），（　　　　　　），（　　　　　　），接线端口，PLC 模块，按钮/指示灯模块及底板等。

3. 当输送站送来工件放到传送带上并被进料定位 U 型板内置的（　　　　　　）检测到时，即启动变频器，工件开始送入分拣区进行分拣。

4. 分拣单元的气缸的初始位置处于（　　　　　　）状态。

5. 分拣单元的工作目标是完成对白芯金属工件、白芯塑料工件和黑芯金属或塑料工件进行（　　　　　　）。为了在分拣时准确推出工件，要求使用（　　　　　　）做定位检测。

6. 分拣单元根据工件经过安装传感器支架上的（　　　　　　）和（　　　　　　）时，两个传感器动作与否，判别工件的属性，决定程序的流向。

7. 光电编码器是通过（　　　　　　），将输出至轴上的机械、几何位移量转换成脉冲或数字信号的传感器，主要用于（　　　　　　）或（　　　　　　）的检测。

二、判断题

1. 在传送带进料口安装了定位 U 型板，用来纠偏机械手输送过来的工件并确定其初始位置。（　　）

2. 传送过程中工件移动的距离则通过光纤传感器检测确定。（　　）

3. 气路连接时，气管一定要在快速接头中插紧，不能够有漏气现象。（　　）

4. 分拣单元为了在分拣时准确推出工件，使用旋转编码器做定位检测。（　　）

三、简答题

1. 简述分拣单元的任务要求。

2. 简述传送和分拣机构的功能。

3. 简述光电编码器的作用。

项目五

输送单元的运行与调试

学习目标

1. 了解输送单元的功能。
2. 认识输送单元的各个组成部分。
3. 了解输送单元的工作过程。
4. 会检查输送单元的电气和气动线路的故障。
5. 能将输送单元的各传感器调整至正常状态。
6. 能解决输送单元在运行过程中出现的常见问题。

项目简介

输送单元在自动化生产线系统中处于中间环节，起到承上启下的作用。YL-335B 型自动化生产线实训考核装备中的输送单元模拟了实际生产中输送工件的工作，为其他单元输送待加工工件，并将已加工完的工件传送给下一单元加工。

任务一 认识输送单元

任务目标

1. 能说出输送单元的功能。
2. 能说出输送单元各个元件的名称和作用。
3. 能叙述输送单元的工作流程。

任务描述

在 YL-335B 型自动化生产线中输送环节是必不可少的，输送单元承担的任务最为繁重，它在供料单元、加工单元、装配单元和分拣单元之间运送工件，起着纽带的作用。更为重要的是，输送单元在网络系统中担任着主站的角色，接收来自触摸屏系统主令信号，读取网络上各从站的状态信息，加以处理后，向各从站发送控制要求，协调整个系统的工作。通过本任务的学习，能对输送单元的功能、组成及工作流程有初步的认识。

任务实施

一 输送单元的功能

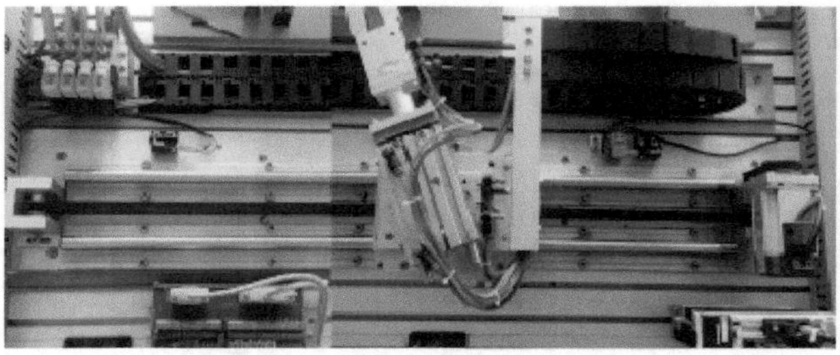

图 2-92 输送单元实物图

如图 2-92 所示，输送单元承担着其他四个单元之间的工件输送任务，由驱动抓取机械手装置定位到其他工作单元的物料台上，并在物料台上抓取工件，然后把抓取到的工件输送到指定地点后放下。

二　输送单元的主要结构

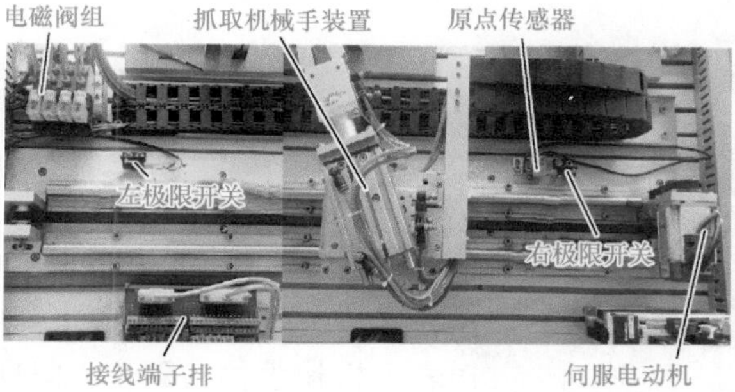

图 2-93　输送单元的主要结构

如图 2-93 所示，输送单元由抓取机械手装置、伺服电动机、拖链装置、左右极限开关、原点传感器、电磁阀组、PLC 模块和接线端子排等部件组成。

三　输送单元各部件的工作原理

（一）抓取机械手装置

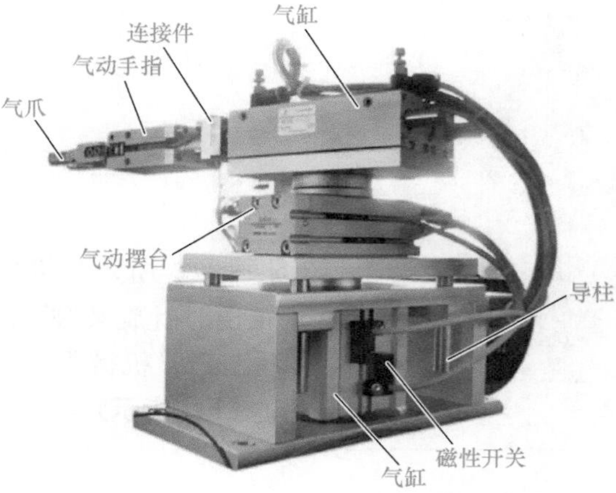

图 2-94　抓取机械手装置

如图 2-94 所示，抓取机械手装置是一个能实现三自由度运动的工作单元，该装置在传动组件的带动下整体作直线往复运动，定位到其他各工作单元的物料台，然后实现抓取和放下工件的功能。

1. 气动手指夹紧

图 2-95　气动手指夹紧检测

如图 2-95 所示，机械手夹紧检测传感器用于检测气动手指夹紧与否。夹紧时，传感器的 LED 指示灯亮。

2. 机械手伸缩

a) 机械手伸出检测传感器指示灯亮

b) 机械手缩回检测传感器指示灯亮

图 2-96　机械手伸缩位置检测

如图 2-96 所示，机械手伸出检测传感器的 LED 指示灯亮时表示机械手伸出到位。同理，机械手缩回检测传感器的 LED 指示灯亮时表示机械手缩回到位。

3. 机械手旋转

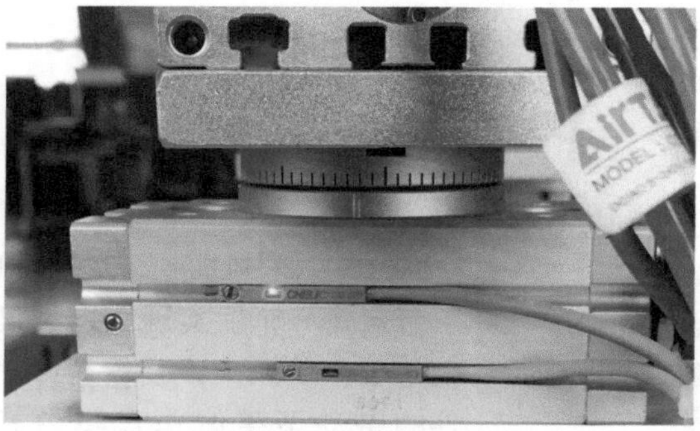

a) 机械手旋转左极限传感器LED灯亮

如图 2-97a 所示，机械手能沿垂直轴逆时针旋转 90°，与直线导轨垂直时，机械手旋转左极限开关的 LED 指示灯亮。

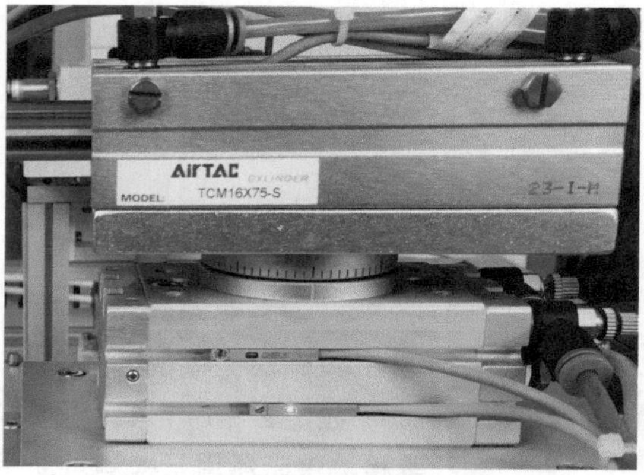

b) 机械手旋转右极限传感器的LED灯亮

图 2-97　机械手旋转检测

如图 2-97b 所示，与直线导轨平行时，机械手旋转右极限开关的 LED 指示灯亮。定位分拣单元时，需要机械手逆时针旋转 90°。

4. 机械手升降

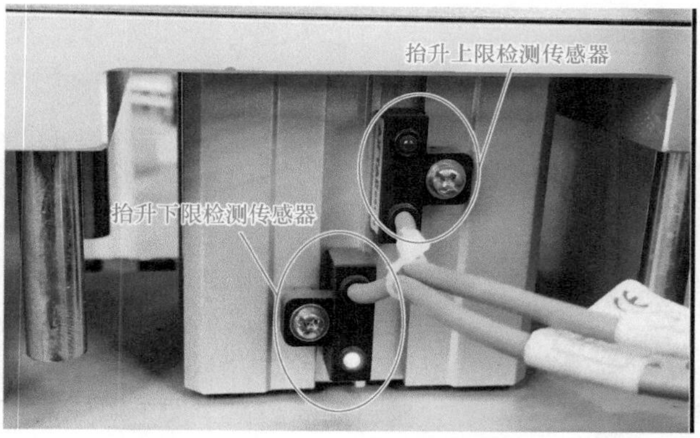

图 2-98　机械手升降位置调节

如图 2-98 所示，机械手上升到位，抬升上限检测传感器的 LED 指示灯亮。同理，机械手抬升下限检测传感器的 LED 指示灯亮时，表示机械手下降到位。

（二）直线运动传动组件

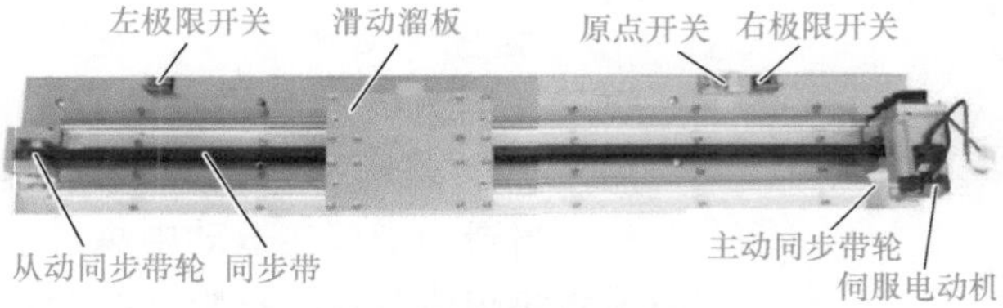

a) 直线运动传动阻件主要结构

直线运动传动组件用以拖动抓取机械手装置做往复直线运动，完成精确定位。传动组件由伺服电动机、主动同步带轮、直线导轨、同步带、从动同步带轮、滑动溜板、原点开关、左和右极限开关等组成，如图 2-99a 所示。

b) 供料单元抓取机械手的定位

图 2-99　直线运动传动组件

抓取机械手装置在供料单元、装配单元、加工单元和分拣单元之间运动，为顺利地完成工件的搬运，需要准确定位各个单元。在供料单元的定位通过原点接近开关完成，如图 2-99b 所示。

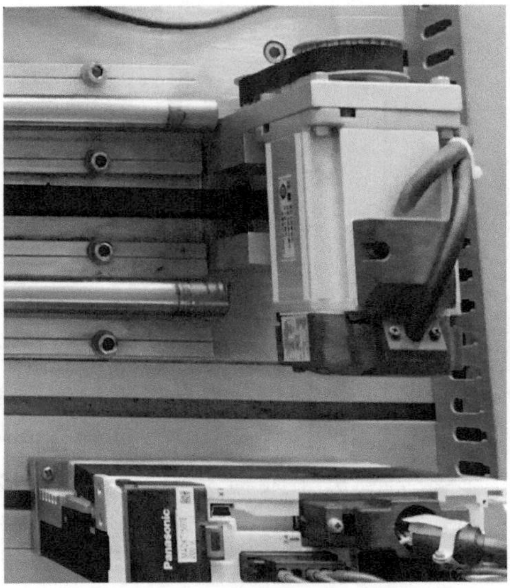

c) 机械手在装配单元、加工单元及分拣单元的定位

➡ 抓取机械手在装配单元、加工单元及分拣单元的定位由伺服电动机控制，通过脉冲个数来决定移动的距离，加工单元离原点 430mm，装配单元离加工单元 350mm，分拣单元离装配单元 260mm，如图 2-99c 所示。

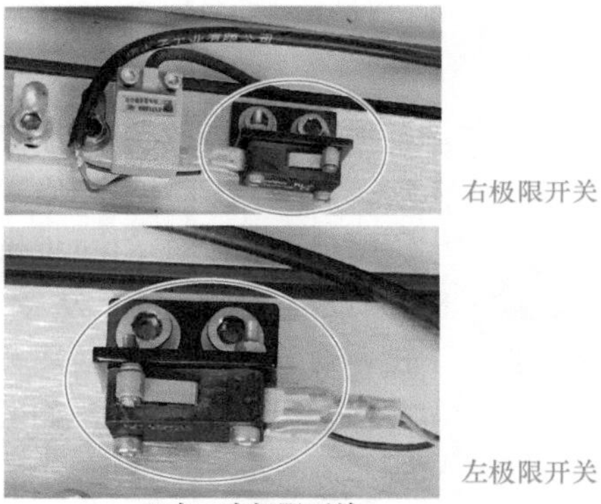

d) 左、右极限开关

图 2-99　直线运动传动组件（续）

➡ 如图 2-99d 所示，左、右极限开关为有触点的微动开关，用来提供越程故障时的保护信号：当滑动溜板在运动中越过左或右极限位置时，极限开关会动作，从而向系统发出越程故障信号。

四　输送单元的工作过程

a) 机械手抓取工件

图 2-100　输送单元的工作过程

➡ 抓取机械手从供料单元抓取工件，由伺服电动机驱动机械手向装配单元移动，如图 2-100a 所示。

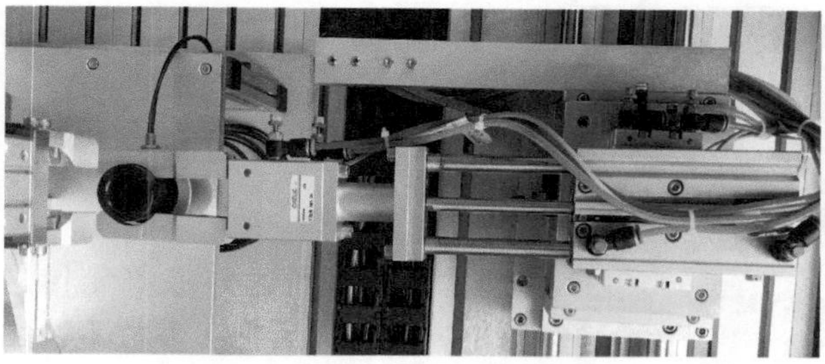

b) 机械手将工件转移到装配单元

⊖ 机械手移动到装配单元正前方，把工件放到装配单元物料台上，如图 2-100b 所示。

c) 机械手将装配完工件移至加工单元

⊖ 装配单元装配完工件后，机械手抓取装配单元工件，向加工单元移动，如图 2-100c 所示。

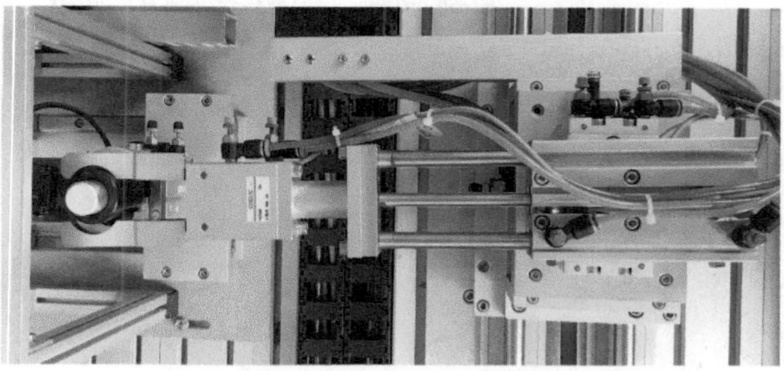

d) 机械手将工件移动到加工单元物料台上

⊖ 机械手移动到加工单元正前方，把工件放到加工单元物料台上，如图 2-100d 所示。

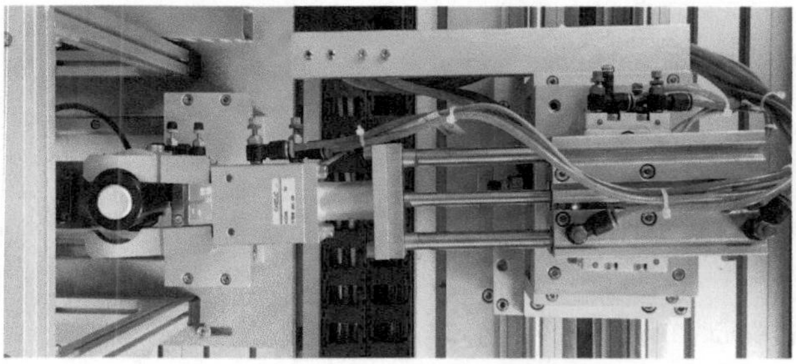

e) 机械手将加工好的工件移到分拣单元

图 2-100　输送单元的工作过程（续）

⊖ 加工单元加工完工件后，机械手抓取加工单元的工件，手臂缩回，摆台逆时针旋转 90°，向分拣单元移动，如图 2-100e 所示。

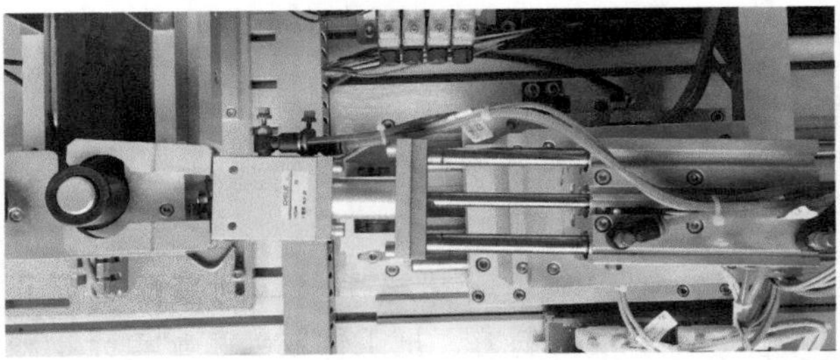

f) 机械手将工件放置在入料口处

机械手到达分拣单元传送带上方入料口后把工件放下，如图 2-100f 所示。

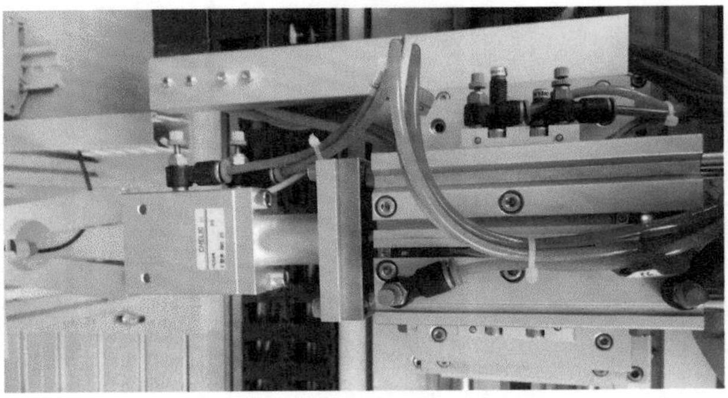

g) 机械手返回原位

图 2-100　输送单元的工作过程（续）

这样，机械手就完成了一次工件的输送，输送完成后，返回到原点，如图 2-100g 所示。

任务评价

请填写认识输送单元学习评价表（表 2-13）。

表 2-13　认识输送单元学习评价表

评价时间：　　年　　月　　日

序号	工作内容	评价要点	配分	学生自评	学生互评	教师评分
1	输送单元的功能	能说出输送单元的功能	10			
2	输送单元的主要结构	能说出输送单元的主要结构	10			
3	抓取机械手装置	能说出抓取机械手装置的功能、组成元件名称及作用	30			
4	直线运动传动组件	能说出直线运动传动组件的功能、组成元件名称及作用	30			
5	输送单元的工作过程	能说出输送单元的工作过程	20			
合计			100			

任务二　运行调试输送单元

任务目标

1. 能检查输送单元的电气和气动线路故障。
2. 能将输送单元的各传感器调整至正常状态。
3. 能解决输送单元在运行过程中出现的常见问题。
4. 能使输送单元正常运行。

任务描述

本任务通过对输送单元气动控制回路、电气连接回路的调试及各传感器的调整，使输送单元在 YL-335B 型自动化生产线上正常运行。

任务实施

一　运行前调试

（一）调试输送单元的气动控制回路

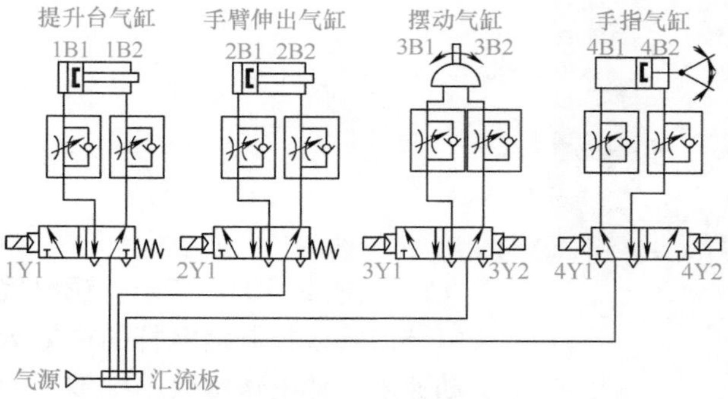

a) 输送单元的气动控制回路

图 2-101　调试输送单元的气动控制回路

⊖ 如图 2-101a 所示，按照自动化生产线气路图检查气路连接是否正确。1B1、2B1、3B1 和 4B1 分别为安装在提升台气缸、手臂伸出气缸、摆动气缸和手指气缸的极限工作位置的磁感应接近开关，1Y1、2Y1、3Y1、3Y2、4Y1 和 4Y2 分别为控制提升台气缸、手臂伸出气缸、摆动气缸和手指气缸的电磁阀的电磁控制端。

b) 检查气管连接

◀ 检查气管是否在快速接头中插紧，有无漏气现象，如图2-101b所示。

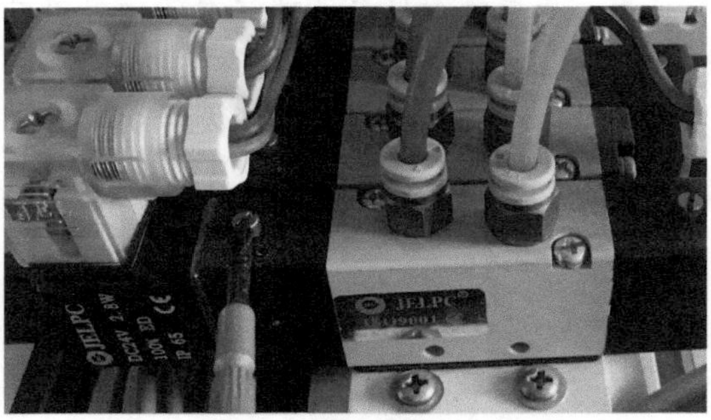

c) 检查三个分拣气缸的初始位置和动作位置

◀ 用电磁阀上的手动换向加锁钮验证各气缸的初始位置和动作位置是否正确。方法：用一字螺钉旋具压下手动换向加锁钮，观察气缸动作，如图2-101c所示。

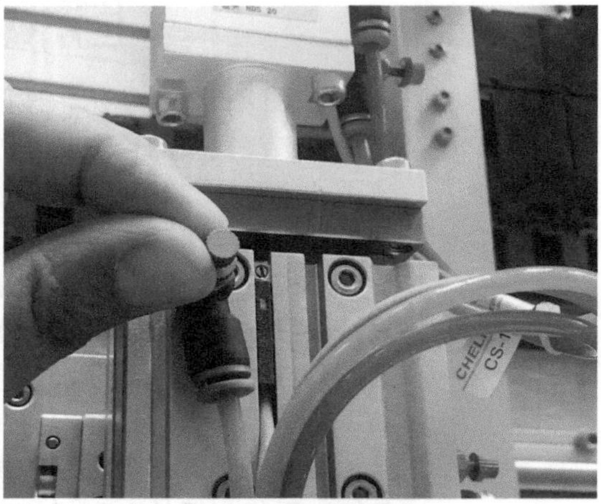

d) 调整气缸的往复运动速度

图2-101 调试输送单元的气动控制回路（续）

◀ 如图2-101d所示，调整气缸节流阀以控制活塞杆的往复运动速度，伸出速度以不推倒工件为准。如果气缸动作相反，将气缸两端进气管位置颠倒即可。

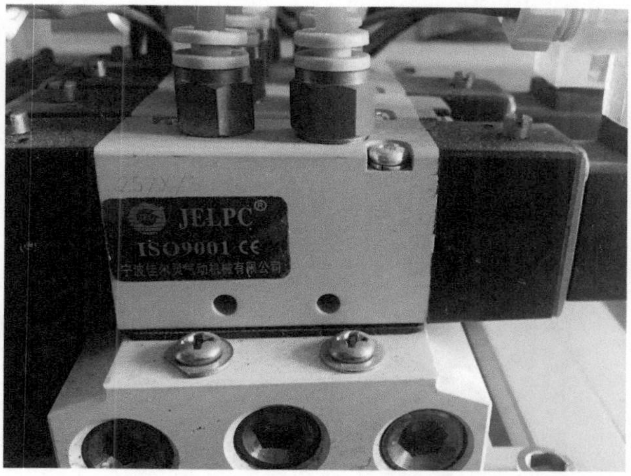

e) 检查电磁阀组与气缸汇流板的连接

图 2-101　调试输送单元的气动控制回路（续）

如图 2-101e 所示，检查电磁阀组与气体汇流板的连接是否密封良好，有无泄漏现象。

（二）调试输送单元的电气连接回路

a) 输送单元装置侧与PLC I/O端口的连接

图 2-102　调试输送单元的电气连接回路

如图 2-102a 所示，输送单元装置侧的接线端口和 PLC 侧的接线端口之间通过专用电缆连接。其中 25 针接头电缆连接 PLC 的输入信号，15 针接头电缆连接 PLC 的输出信号。

注意：在输送单元装置侧接线端口中，输入信号端子的上层端子（+24V）只能作为传感器的正电源端，切勿用于电磁阀等执行元件的负载。电磁阀等执行元件的正电源端和 0V 端应连接到输出信号端子下层的相应端子上。

输入信号		
PLC 输入点	信号名称	信号来源
X000	原点传感器检测	装置侧
X001	右限位保护	
X002	左限位保护	
X003	机械手抬升下限检测	
X004	机械手抬升上限检测	
X005	机械手抬升左限检测	
X006	机械手抬升右限检测	
X007	机械手伸出检测	
X010	机械手缩回检测	
X011	机械手夹紧检测	
X012	推杆 3 推出到位	
X024	起动按钮	按钮/指示灯模块
X025	停止按钮	
X026	急停按钮	
X027	单站/全线	
输出信号		
PLC 输出点	信号名称	信号来源
Y000	脉冲	装置侧
Y001	方向	
Y004	回转气缸左旋电磁阀	
Y005	回转气缸右旋电磁阀	
Y005	气动手指伸出电磁阀	
Y006	气动手指夹紧电磁阀	
Y007	气动手指放松电磁阀	
Y015	警示指示	按钮/指示灯模块
Y016	运行指示	
Y017	停止指示	

b）PLC 的 I/O 接线分配表

➡ 如图 2-102b 所示，按照输送单元 PLC 的 I/O 分配表检查接线是否正确。

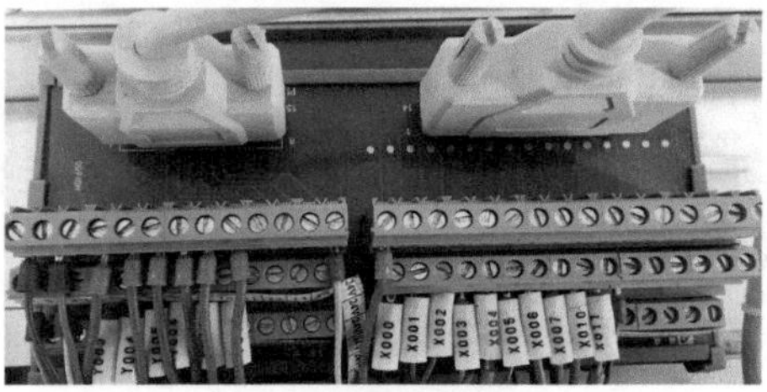

c) 分辨各端子的功能

图 2-102　调试输送单元的电气连接回路（续）

➡ 仔细辨明原理图中的端子功能标注，如图 2-102c 所示。

（三）检查调试各传感器

1. 检查四个气缸的磁性开关的安装位置

图 2-103　检查四个气缸的磁性开关的安装位置

气动手指、双杆气缸、回转气缸、提升气缸分别控制了机械手的抓取、伸缩、旋转和升降的动作，为确保正常工作，需调节四个气缸各自的磁性开关至合适的位置，如图 2-103 所示。

2. 调节四个气缸的动作速度

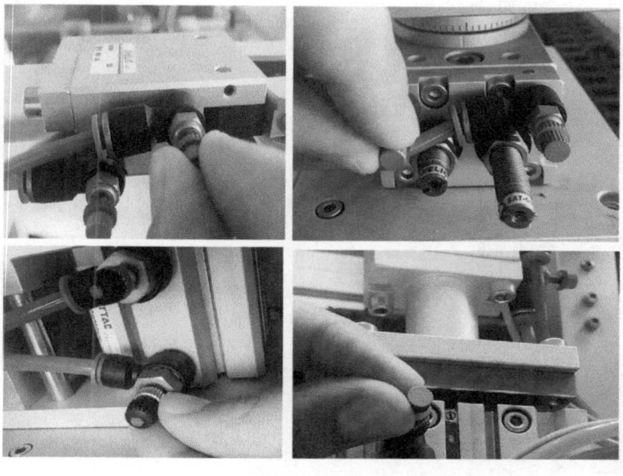

图 2-104　调节四个气缸的动作速度

通过调节各自的节流阀来调整各气缸的动作速度，如图 2-104 所示。

二 起动、停止运行调试

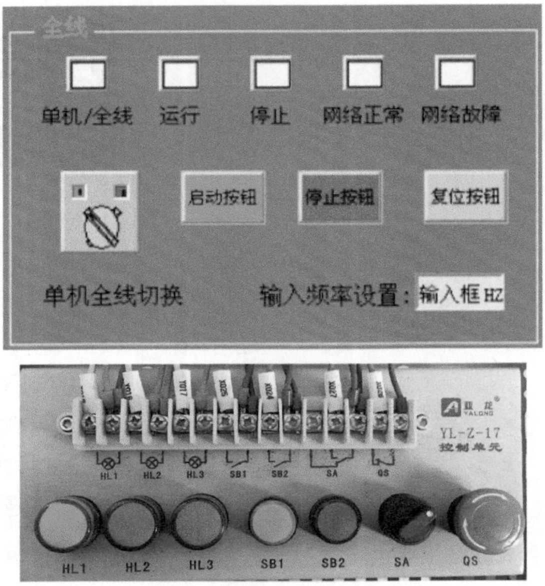

a) 设置工作方式

将触摸屏上“单机全线切换”开关旋转到单机模式，“单机/全线”指示灯不亮。在按钮/指示灯模块上将选择开关 SA 旋转到右侧，置于“单站方式”位置，系统进入单站工作模式，如图 2-105a 所示。

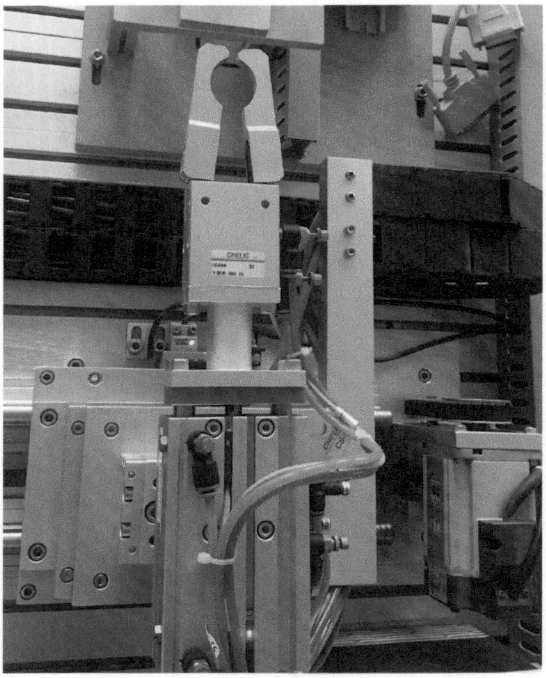

b) 机械手调至原点位置

图 2-105 输送单元起动、停止运行调试

将设备上电并和气源接通，按下复位按钮，执行复位操作，使机械手装置回到原点位置，如图 2-105b 所示。

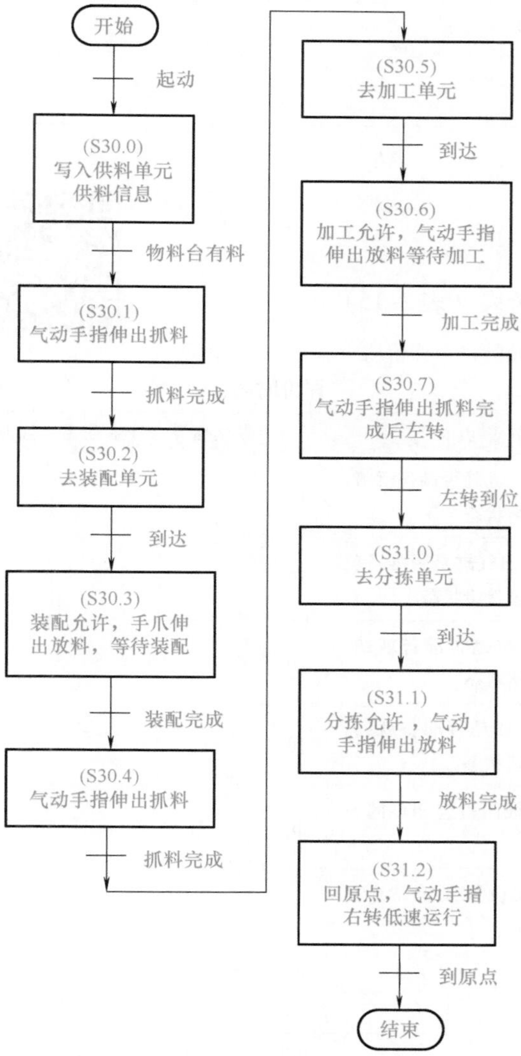

c) 输送单元的工作流程

图 2-105 输送单元起动、停止运行调试（续）

输送单元的工作流程介绍如下。

1）设备准备好后，按下起动按钮 SB1，设备运行指示灯 HL2 常亮。

2）抓取机械手装置从供料单元的出料台抓取工件，抓取顺序：手臂伸出→气动手指抓紧工件→提升台上升→手臂缩回。

3）抓取动作完成后，伺服电动机驱动机械手装置向装配单元移动。

4）机械手装置移动到装配单元物料台的正前方，即把工件放到装配单元的物料台上，放下工件的顺序为：手臂伸出→提升台下降→气动手指松开工件→手臂缩回。

5）放下工件动作完成 2s 后，抓取机械手装置执行抓取装配单元工件的操作。

6）抓取动作完成后，伺服电动机驱动机械手装置移动到加工单元物料台的正前方，然后把工件放到加工单元物料台上。

7）放下工件动作完成 2s 后，抓取机械手装置执行抓取加工单元工件的操作。

8）机械手手臂缩回后，摆台逆时针旋转 90°，伺服电动机驱动机械手装置从加工单元向分拣单元移动工件，到达分拣单元传送带上方入料口后，把工件放下。

9）放下工件动作完成后，机械手手臂缩回，执行返回原点的操作，停在原点，等待下一次的输送命令，如图 2-105c 所示。

在运行过程中，应该在现场时刻观察设备运行情况，一旦发生执行机构相互冲突的事件，应该及时采取措施，如急停、切断执行机构控制信号、切断气源和总电源等，以免造成设备的损毁。

根据输送单元运行调试记录表（表2-14）中的操作步骤，记录各项目的现象。

表2-14　输送单元运行调试记录表

观察项目 / 操作步骤	指示灯HL1显示情况（填“亮”“灭”“1Hz频率闪烁”“2Hz频率闪烁”）	指示灯HL2显示情况（填“亮”“灭”“1Hz频率闪烁”“2Hz频率闪烁”）	动作顺序
按下起动按钮			
机械手抓取工件动作顺序			
机械手放下工件动作顺序			
机械手装置在工作站移动顺序			
按下停止按钮			

任务评价

请填写运行调试输送单元的学习评价表（表2-15）。

表2-15　运行调试输送单元的学习评价表

评价时间：　　年　　月　　日

序号	工作内容	评价要点	配分	学生自评	学生互评	教师评分
1	提升台气缸	能判断提升台气缸是否准备就绪，并且能调节至就绪状态	10			
2	手臂伸出气缸	能判断手臂伸出气缸是否准备就绪，并且能调节至就绪状态	10			
3	摆动气缸	能判断摆动气缸是否准备就绪，并且能调节至就绪状态	10			
4	手指气缸	能判断手指气缸是否准备就绪，并且能调节至就绪状态	10			
5	I/O接线	能根据I/O接线图检查PLC的I/O接线是否正确	5			
6	单站方式	能将输送单元设置成单站运行方式	5			
7	按下起动按钮	满足控制要求	25			
8	按下停止按钮	满足控制要求	25			
合计			100			

知识链接

一、认识步进电动机

1. 步进电动机的工作原理

步进电动机是将电脉冲信号转换为相应的角位移或直线位移的一种特殊执行电动机。每输入一个电脉冲信号，电动机就转动一个角度，它的运动形式是步进式的，所以称为步进电动机。

2. 步进电动机的使用

一是要正确地安装，二是要正确地接线。

安装步进电动机，必须严格按照产品说明的要求进行。步进电动机属于精密装置，安装时不要敲打它的轴端，更不要拆卸电动机。

不同的步进电动机的接线有所不同，3S57Q-04056 步进电动机接线图如图 2-106 所示，三相绕组的六根引出线必须按头尾相连的原则连接成三角形。改变绕组的通电顺序就能改变步进电动机的转动方向。

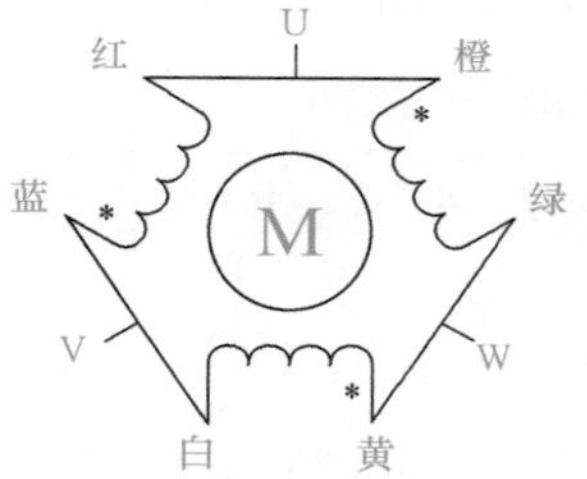

三相电动机六引线

线色	电动机信号
红色	U
橙色	
蓝色	V
白色	
黄色	W
绿色	

图 2-106　3S57Q-04056 步进电动机接线图

3. 步进电动机的驱动装置

步进电动机需要由专门的驱动装置（驱动器）供电，驱动器和步进电动机是一个有机的整体，步进电动机的运行性能是电动机及其驱动器二者配合所反映的综合效果。

一般来说，每一台步进电动机都有其对应的驱动器，例如，与 Kinco 三相步进电动机 3S57Q-04056 配套的驱动器是 Kinco 3M458 三相步进电动机驱动器。图 2-107 是 Kinco 3M458 三相步进电动机驱动器的典型接线图。图中驱动器可采用直流 24～40V 电源供电。在 YL-335B 型自动化生产线中，该电源由输送单元专用的开关稳压电源（DC 24V 8A）供给。步进电动机驱动器的组成主要包括脉冲分配器和脉冲放大器，主要解决向步进电动机的各相绕组分配输出脉冲和功率放大两个问题。

在 Kinco 3M458 驱动器的侧面连接端子中间有一个红色的 8 位 DIP 功能设定开关，可以用来设定驱动器的工作方式和工作参数，包括细分设置、静态电流设置和运行电流设置。图 2-108 是 3M458 DIP 开关功能划分说明，表 2-16 和表 2-17 分别为细分设置表和输出电流设置表。

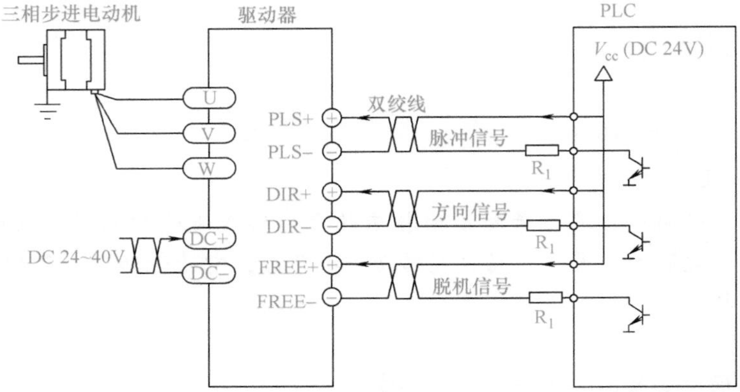

图 2-107　Kinco 3M458 三相步进电动机驱动器的典型接线图

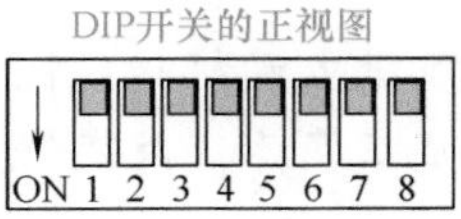

开关序号	ON 功能	OFF 功能
DIP1~DIP3	细分设置用	细分设置用
DIP4	静态电流全流	静态电流半流
DIP5~DIP8	电流设置用	电流设置用

图 2-108　3M458 DIP 开关功能划分说明

表 2-16　细分设置表

DIP1	DIP2	DIP3	细　　分
ON	ON	ON	400 步/转
ON	ON	OFF	500 步/转
ON	OFF	ON	600 步/转
ON	OFF	OFF	1000 步/转
OFF	ON	ON	2000 步/转
OFF	ON	OFF	4000 步/转
OFF	OFF	ON	5000 步/转
OFF	OFF	OFF	10000 步/转

表 2-17　输出电流设置表

DIP5	DIP6	DIP7	DIP8	输 出 电 流
OFF	OFF	OFF	OFF	3.0A
OFF	OFF	OFF	ON	4.0A
OFF	OFF	ON	ON	4.6A
OFF	ON	ON	ON	5.2A
ON	ON	ON	ON	5.8A

二、认识交流伺服电动机

1. 交流伺服电动机的工作原理

伺服电动机内部的转子是永磁铁，驱动器控制的 U、V、W 三相电形成电磁场，转子在此磁场的作用下转动，同时电动机自带的编码器反馈信号给驱动器，驱动器根据反馈值与目标值进行比较，调整转子转动的角度。伺服电动机的精度决定于编码器的精度（线数）。

2. 交流伺服系统的位置控制模式

交流伺服系统工作在位置控制模式下，等效的单闭环位置控制系统框图如图2-109所示。

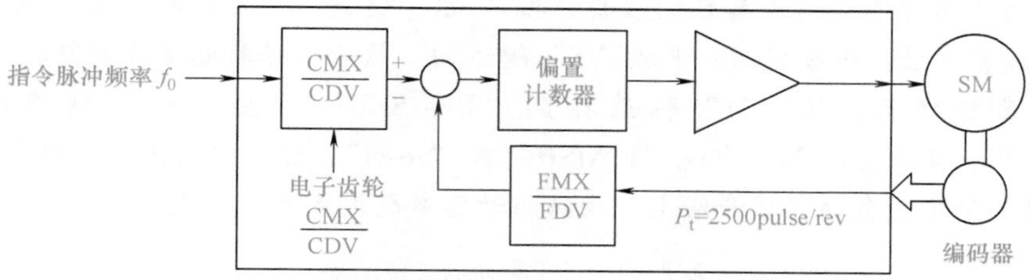

图2-109　等效的单闭环位置控制系统框图

图中，指令脉冲信号和电动机编码器反馈脉冲信号进入驱动器后，均通过电子齿轮变换才进行偏差计算。电子齿轮实际是一个分—倍频器，合理搭配它们的分—倍频值，可以灵活地设置指令脉冲的行程。

3. 伺服驱动器

在YL-335B型自动化生产线的输送单元中，采用了松下MHMD022PIU永磁同步交流伺服电动机及MADDT1207003全数字交流永磁同步伺服驱动装置作为运输机械手的运动控制装置。

在YL-335B型自动化生产线的输送单元中，伺服电动机用于定位控制，选用位置控制模式。伺服驱动器电气接线图如图2-110所示。

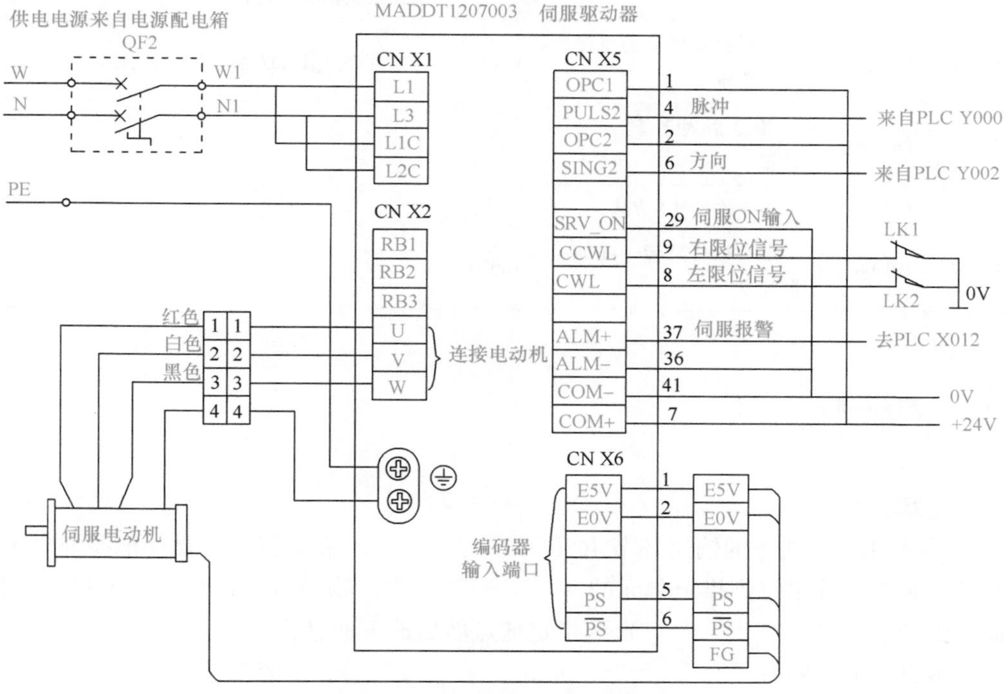

图2-110　伺服驱动器电气接线图

4. 伺服驱动器的参数设置

松下伺服驱动器有七种控制运行方式，即位置控制、速度控制、转矩控制、位置/速度控制、位置/转矩、速度/转矩和全闭环控制。

（1）参数设置，先按“Set”键，再按“Mode”键选择到“Pr00”后，按向上、向下或向左的方向键选择通用参数的项目，按“Set”键进入。然后按向上、向下或向左的方向键调整参数，调整完后，长按“S”键返回。然后选择其他项再调整。

（2）参数保存，按“M”键选择到“EE- SET”后按“Set”键确认，出现“EEP-”，然后按向上键3s，出现“FINISH”或“reset”，然后重新上电即保存。

在YL-335B型自动化生产线上，伺服驱动器参数设置见表2-18。

表2-18 伺服驱动器参数设置

序号	参数		设置数值	功能和含义
	参数编号	参数名称		
1	Pr5.28	LED初始状态	1	显示电动机转速
2	Pr0.01	控制模式	0	位置控制（相关代码P）
3	Pr5.04	驱动禁止输入设定	2	当左或右（POT或NOT）限位动作时，则会发生Err38行程限位禁止输入信号出错报警。设置此参数值必须在控制电源断电重启之后才能修改、写入成功
4	Pr0.04	惯量比	250	
5	Pr0.02	实时自动增益设置	1	实时自动调整为标准模式，运行时负载惯量的变化情况很小
6	Pr0.03	实时自动增益的机械刚性选择	13	此参数值设置得越大，响应越快
7	Pr0.06	指令脉冲旋转方向设置	1	—
8	Pr0.07	指令脉冲输入方式	3	—
9	Pr0.08	电动机每旋转一圈的脉冲数	6000	—

自我测试

一、填空题

1. 自动化生产线中的输送环节由（　　　　　）来执行，主要功能是驱动其抓取机械手装置精确定位到指定单元的（　　　　　）物料台，在物料台上抓取工件，把抓取到的工件（　　　　　）到指定地点然后放下的过程。

2. 输送单元主要由（　　　　　）、（　　　　　）、拖链装置、（　　　　　）、（　　　　　）、（　　　　　）及PLC模块和接线端子排等部件组成。

3. 抓取机械手装置是一个能实现（　　　　　　）运动（　　　　　　）运动、气动手指夹紧和（　　　　　　）的四维运动的工作单元。

4. 抓取机械手装置主要由（　　　　　　）、双杆气缸、（　　　　　　）、提升气缸组成。

5. 在输送单元中，驱动抓取机械手装置沿直线导轨作往复运动的动力源，可以是（　　　　　　）或（　　　　　　）。

二、判断题

1. 输送站的机械手完成其输送步骤后，应快速回到原点。（　　）
2. 输送单元的定位由伺服电动机控制。（　　）
3. 输送单元的工作流程从供料单元→加工单元→装配单元→分拣单元。（　　）
4. 输送单元的抓取机械手无法实现 90°旋转。（　　）

三、简答题

1. 简述自动化生产线中输送单元的工作流程。
2. 简述步进电动机的工作原理。

参 考 文 献

[1] 张春芝. 自动生产线组装、调试与程序设计 [M]. 北京：化学工业出版社，2011.
[2] 李虹. 自动化生产线调试与维护 [M]. 北京：中国劳动社会保障出版社，2010.
[3] 叶晖. 工业机器人工程应用虚拟仿真教程 [M]. 北京：机械工业出版社，2014.
[4] 郭洪红. 工业机器人技术 [M]. 西安：西安电子科技大学出版社，2012.
[5] 石秋洁. 变频器应用基础 [M]. 北京：机械工业出版社，2010.